知识进化
图解系列

太喜欢大脑了

[日]茂木健一郎 著

白菘 译

天津出版传媒集团

天津科学技术出版社

著作权合同登记号：图字02-2022-046号

图书在版编目（CIP）数据

知识进化图解系列. 太喜欢大脑了 / (日) 茂木健一郎著 ; 白菘译. -- 天津 : 天津科学技术出版社, 2022.4

ISBN 978-7-5576-9936-9

Ⅰ. ①知… Ⅱ. ①茂… ②白… Ⅲ. ①自然科学－青少年读物②大脑－青少年读物 Ⅳ. ①N49②R338.2-49

中国版本图书馆CIP数据核字(2022)第038517号

知识进化图解系列. 太喜欢大脑了

ZHISHI JINHUA TUJIE XILIE. TAI XIHUAN DANAO LE

责任编辑：杨　譞　马　悦

责任印制：兰　毅

出　　版：天津出版传媒集团 / 天津科学技术出版社

地　　址：天津市西康路35号

邮　　编：300051

电　　话：（022）23332490

网　　址：www.tjkjcbs.com.cn

发　　行：新华书店经销

印　　刷：三河市金元印装有限公司

开本 880 × 1230　1/32　印张 4.25　字数 96 000

2022年4月第1版第1次印刷

定价：39.80元

序

近年来，大家对脑的兴趣越来越浓厚，已经形成了一股"脑科学潮"，我想，这跟人工智能的发展使人类产生了危机感有很大关系。

人工智能已经在多个领域超越了人类，在围棋、将棋、国际象棋领域，其发展更是到了人类望尘莫及的程度。无论是计算能力还是模式识别能力，人工智能都超越了人类。

在这样一个人工智能逐渐进入人类生活的时代，到底需要人脑去做什么呢？我们该如何生活，又该关注些什么呢？应该给孩子提供怎样的教育？这些问题，不只是专家在关注，普通人也很重视。

本书旨在以图解的方式向大家介绍一些有关脑的基础知识。如果你能从第一页看到最后一页，我想你对脑的理解会更加深入，也会满怀决不输给人工智能的信心迎接未来。

人工智能的发展自然是显著的，但人脑也未必会输。尤其是在与他人交流信息、分享情感的"沟通能力"和不断推陈出新想出新点子的"创造力"方面，人脑依然有着无限可能。

就沟通力和创造力而言，最重要的是每个人的"个性"。而个性由缺点和优点组成，作为一个整体才有意义。100 个人有 100 种个性，个性之间没有高低、等级和偏差值的分别。

若想利用好这种不可替代的个性，我们就必须充分了解自己。通过观察自己并把握自己的元认知功能，也就是额叶的功能，创设一面能够反映自己的"镜子"。

每个人都有独特的个性并不意味着人与人之间没有共同点。既然同为人类，那么脑中就必然有共通之处。虽然脑科学的使命是揭示个性，但在此之前，首先要弄清楚的是适用于所有人脑的共性。我希望能够通过这本书，帮助大家更好地认识我们人脑的结构，了解它是如何运作的。你会发现，脑的故事中闪烁着科学的光辉。

在此基础上，我希望大家再去细细思考：你的独特能力是什么？你的弱点是什么？你的优势又是什么？人生是一场旅程，如果不了解自己，你将很难在其中享受到乐趣。

如果你能将本书作为人工智能时代映照自己的镜子加以运用，我将感到莫大的荣幸。

茂木健一郎

脑的整体构造

※侧视图

脑的表面

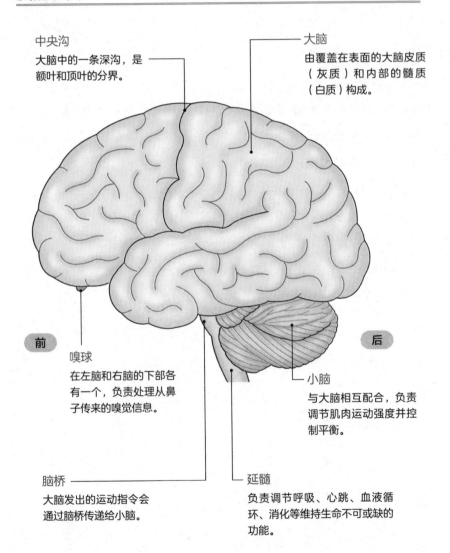

中央沟
大脑中的一条深沟，是额叶和顶叶的分界。

大脑
由覆盖在表面的大脑皮质（灰质）和内部的髓质（白质）构成。

前

后

嗅球
在左脑和右脑的下部各有一个，负责处理从鼻子传来的嗅觉信息。

小脑
与大脑相互配合，负责调节肌肉运动强度并控制平衡。

脑桥
大脑发出的运动指令会通过脑桥传递给小脑。

延髓
负责调节呼吸、心跳、血液循环、消化等维持生命不可或缺的功能。

脑主要由大脑、小脑和脑干[1]三部分构成。

其中，大脑占据了整个脑的85%左右。

脑干由间脑、中脑、脑桥和延髓构成。

脑是生命活动的中枢，让我们一起来了解一下它的构造吧（详情见第五章）。

脑的切面

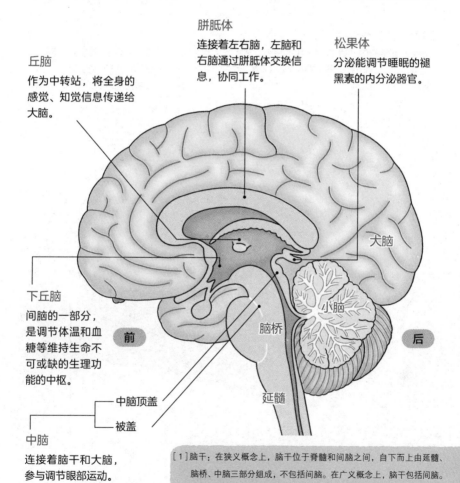

胼胝体
连接着左右脑，左脑和右脑通过胼胝体交换信息，协同工作。

松果体
分泌能调节睡眠的褪黑素的内分泌器官。

丘脑
作为中转站，将全身的感觉、知觉信息传递给大脑。

下丘脑
间脑的一部分，是调节体温和血糖等维持生命不可或缺的生理功能的中枢。

中脑
连接着脑干和大脑，参与调节眼部运动。

中脑顶盖

被盖

大脑

小脑

脑桥

延髓

前

后

[1]脑干：在狭义概念上，脑干位于脊髓和间脑之间，自下而上由延髓、脑桥、中脑三部分组成，不包括间脑。在广义概念上，脑干包括间脑。作者在书中取广义的概念，脑干由延髓、脑桥、中脑、间脑四部分组成。——编者注

大脑的整体构造

※侧视图

大脑半球的构造

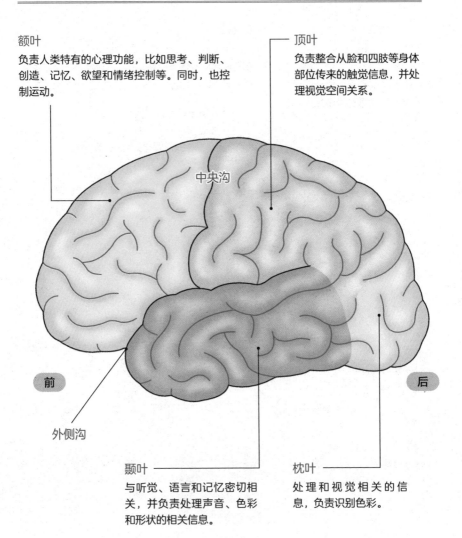

额叶
负责人类特有的心理功能，比如思考、判断、创造、记忆、欲望和情绪控制等。同时，也控制运动。

顶叶
负责整合从脸和四肢等身体部位传来的触觉信息，并处理视觉空间关系。

中央沟

前

后

外侧沟

颞叶
与听觉、语言和记忆密切相关，并负责处理声音、色彩和形状的相关信息。

枕叶
处理和视觉相关的信息，负责识别色彩。

大脑占据了脑的大部分，分为左脑和右脑。

在外观上，左脑和右脑又分别被几条深沟分为四叶[1]。

大脑的表面覆盖着大脑皮质，大脑皮质由密集的神经细胞组成，每个部位都有不同的功能（详见第五章）。

大脑半球的切面

扣带回

边缘系统的一部分，负责血压、心率和呼吸调节，能够处理情绪，与决策、共情、认知等能力相关。

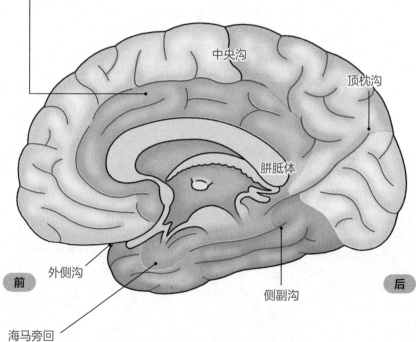

中央沟

顶枕沟

胼胝体

外侧沟

前

侧副沟

后

海马旁回

边缘系统的一部分，和地理风景的记忆相关，比如城市和自然风光，还与面部识别有关。

[1]本书采用的是四叶分类法，另有五叶分类法，认为每侧大脑半球可根据明显的沟、裂分成五叶，从外观上可以看到其中四叶，即额叶、顶叶、枕叶、颞叶，另有埋藏于大脑外侧裂深处的岛叶。——编者注

脑的进化历程

在哺乳类出现之前脊椎动物的脑

两栖类与爬虫类的起源比哺乳类更早，由于嗅球与视叶可以帮助它们从危险中脱身，所以这两个结构逐渐演化变大。

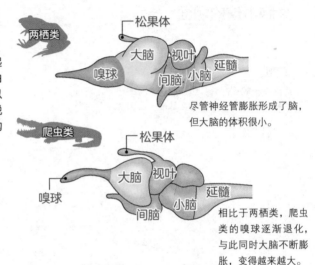

尽管神经管膨胀形成了脑，但大脑的体积很小。

相比于两栖类，爬虫类的嗅球逐渐退化，与此同时大脑不断膨胀，变得越来越大。

哺乳类的脑进化

哺乳类的嗅球退化，大脑显著发育。随着哺乳类逐渐进化为高等生物，它们的大脑皮质逐渐增加，大脑占脑的比例也逐渐增大。

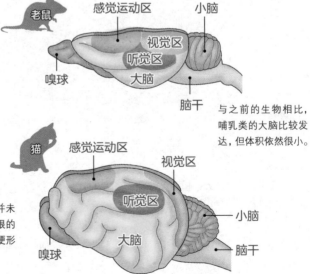

与之前的生物相比，哺乳类的大脑比较发达，但体积依然很小。

大脑的体积增加，但头骨并未随之变大，所以大脑在有限的头骨内被折叠起来，表面便形成了很多褶皱。

中枢神经系统由脑和脊髓构成，它起源于原索动物（比如海鞘）身体中一个叫作神经管的组织。初期的神经管只是一些神经细胞，这些神经细胞经过不断进化，最终变成了人的脑。

下面我们按照生物进化的顺序，一起来看看动物的脑与人脑有什么不同吧。

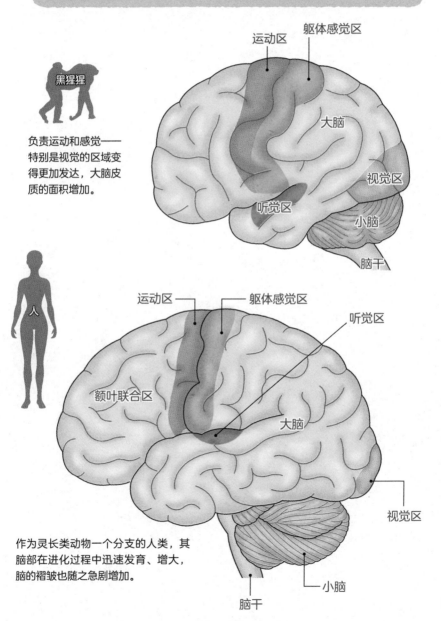

黑猩猩

负责运动和感觉——特别是视觉的区域变得更加发达，大脑皮质的面积增加。

作为灵长类动物一个分支的人类，其脑部在进化过程中迅速发育、增大，脑的褶皱也随之急剧增加。

9

目 录

第 1 章　脑的使用说明书 脑的基础知识

第 2 章　大脑一直在发育 最大限度提升脑力的方法

第 3 章　脑能产生灵感 今后是灵感的时代

第4章　AI 和脑的未来　在 AI 时代锻炼大脑的方法

第5章　**脑的功能** 让我们一起来看看脑的功能吧

第1章

脑的使用说明书

脑的基础知识

1

脑明明是物质，为何会产生意识呢？

一个现代科学的未解谜题

脑不过是一种物质，意识和思想如何能在脑中产生呢？这便是有关脑的终极问题了。

脑中的神经细胞说到底也不过是一种物质。只要是物质，那么，它的活动和反应最终就都可以用方程式来描述。

用方程式的形式来表现物质的活动和反应，这种理论也被称作"物理主义"。从这种观点出发，孕育了意识的脑和无意识的石头并没有本质上的差别。

然而，综合现阶段的研究来看，我们可以确定一件事情，那就是意识是由于脑中神经细胞的活动而产生的。

为什么这样说呢？这种观点的基础是神经细胞之间存在某种关联。若是把一个神经细胞取出来单独培养，那么永远也不会产生我们所熟悉的"意识"。正是因为神经细胞之间存在关联，意识才得以产生。

"人类的意识究竟是什么？"这是现代科学中最大的谜题之一，我自己也把解开这一谜题当作了一生研究的目标。不过非常遗憾，我至今尚未成功。

若是我们能够解答这个谜题，那么便有可能破解更多谜题。可以说"意识是什么"是搞清楚很多哲学问题的关键。或许明确了意识是什么，我们便能够知道活着是什么，死亡是什么，时间又是什么。

如果我们将脑看作是"思想"的出生地，那么可以说研究脑本身就是研究我们的人生。

脑产生意识的机制

大脑皮质上覆盖着神经回路，神经回路由神经细胞聚集而成。外部信息经由神经细胞传递给大脑。在这些信息的传递过程中，意识产生了。脑中分泌的神经递质之间存在着一种平衡，根据各个神经递质所占的比例，意识可以是积极的，也可以是消极的。

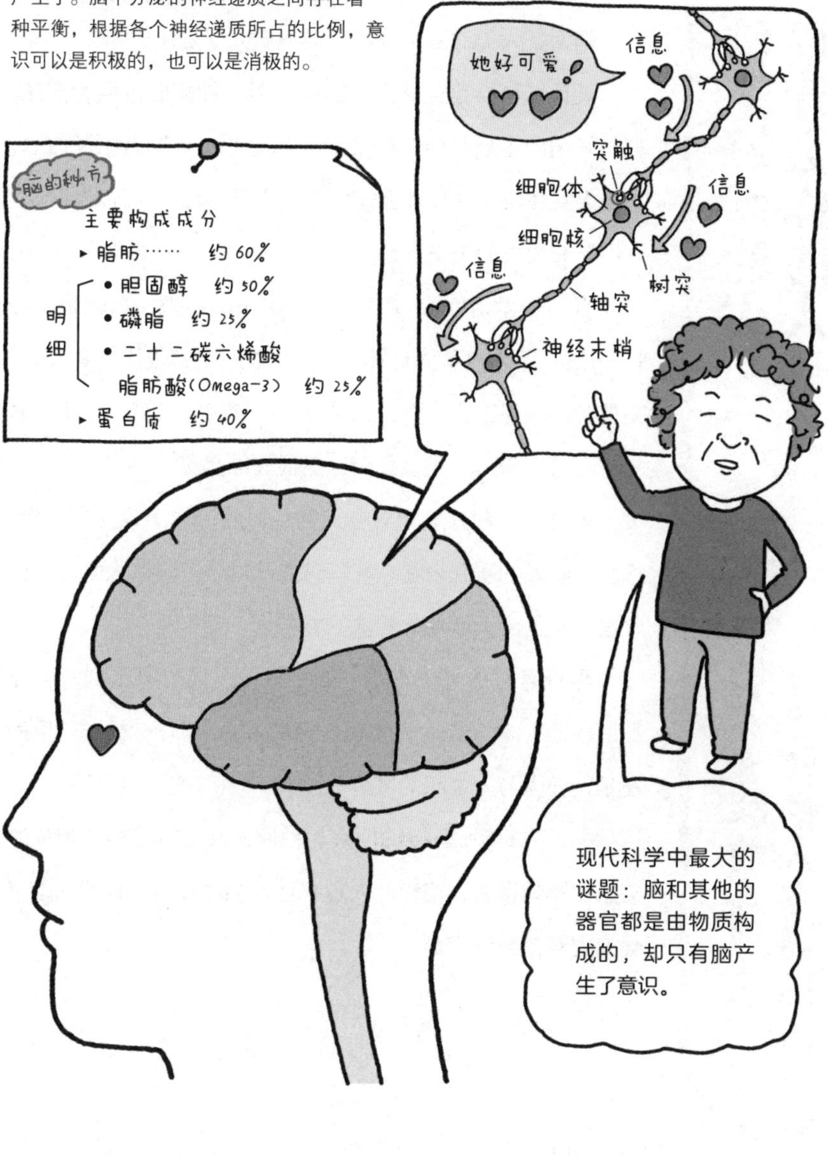

她好可爱

信息

突触

细胞体

细胞核

信息

轴突

树突

神经末梢

脑的秘方

主要构成成分

▶ 脂肪……约60%

明细
- 胆固醇 约30%
- 磷脂 约25%
- 二十二碳六烯酸脂肪酸(Omega-3) 约25%

▶ 蛋白质 约40%

现代科学中最大的谜题：脑和其他的器官都是由物质构成的，却只有脑产生了意识。

2

能够理解他人想法、善于和他人沟通的人

　　和其他动物比起来，人类有很多劣势，但人类却创造出了如此了不起的文明，这大概都要归功于人类"脑子好用"。

　　那么，人类"脑子好用"的本质究竟是什么呢？

　　现代脑科学普遍认为，脑子好用＝能和他人顺利交往。脑子好用的本质是能够理解他人的想法，与他人顺畅沟通，和他人互相协作共建社会。可以说人类具有社会性和"脑子好用"有很大的关系。

　　有一个术语能形容读取他人想法的能力，那就是"心智理论"。不论电脑的计算速度有多快，电脑也不具备心智。在理解他人想法这方面，人类要比电脑优秀得多，即使是面对初次见面的陌生人，我们也能很好地交流。

　　另外，说起社会智力，人类绝对胜过猴子等群居动物。综合现阶段的研究来看，在所有的动物中，只有人类才具有严格意义上的读取他人想法的能力。

　　尽管对方的想法很难判断，但人类能够感受到对方无形的内心，也只有人类才有这样的能力。"心有灵犀"说的便是这种人与人之间的微妙关系。

　　"脑子好用"与接纳他人、和他人共处有着相辅相成的关系。换句话说，在和他人友好相处的过程中，我们的脑子会变得越来越好用。

体察人情，大脑有两种方法

模拟他人思想

以自己的想法为基础，推己及人，再站在对方的立场上考虑问题。

+

观察他人行为

观察他人对事物的反应，并总结规律，学习他人的反应模式，猜测对方的眼里都看到了什么。

‖

察言观色

这可怎么办，感觉有点说不出口……

老师您是不是不喜欢吃香菜呀？

他是怎么看出来的呀……

那就不用硬吃了……

在所有的生物中，只有人类能够察言观色。所谓的"脑子好用的人"，就是擅长和他人交流的人。

3

能够提升『学习能力』的方法是什么？

专注做事，锻炼额叶的神经回路

英国的心理学家查尔斯·爱德华·斯皮尔曼（1863—1945）认为，人类的许多能力都与一种被称为 G 因素的因素相关，G 因素多的人在各个领域都有很好的学习能力，查尔斯还为这个理论找到了统计学上的支持。也就是说，G 因素多 = 学习能力强。

从后续的研究来看，G 因素多的人，额叶中有关专注力的神经回路都很活跃。

那么，怎样才能锻炼专注力呢？我会跟孩子们说："学习的时候一开始就要全力以赴。"大家最开始可能会不适应这种方法，觉得有些痛苦，不过等到适应一段时间之后，就可以做到"一开始就全力以赴"了。如此一来，额叶中关于专注力的神经回路就得到了强化。

此外，我还建议在有噪声的地方学习或工作。林修老师说："什么时候开始？就是现在！"[1] 要我说的话那就是："去哪儿学习？嘈杂的地方！"

在喧闹的地方集中注意力学习、工作，可以强化额叶的记忆回路。大家或许听过这样一句话："能考上东京大学的学生都能在喧闹的地方学习。"从脑科学的角度来看，无论在什么地方都可以瞬间集中注意力是人脑额叶在进化中被嵌入的功能，所以我们可以训练大脑，做到在应该集中注意力的时候就瞬间专注起来。如果一直用这样的方式训练大脑，自然而然就可以培养出"学习能力"。

---

[1] 原句出自语文辅导班老师林修的一次讲座，后来成为网络流行语。——译者注

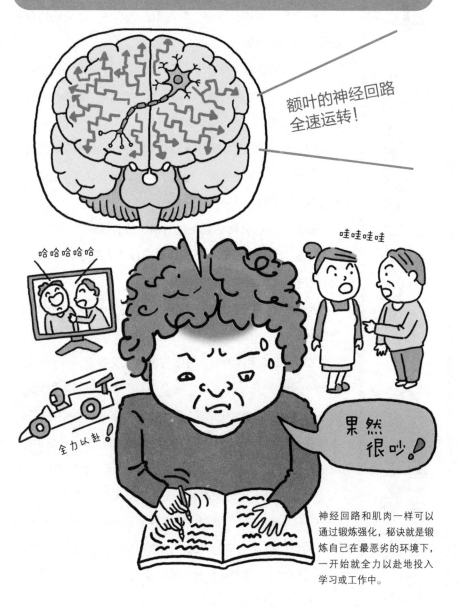

神经回路和肌肉一样可以通过锻炼强化，秘诀就是锻炼自己在最恶劣的环境下，一开始就全力以赴地投入学习或工作中。

即使是考试成绩不好、学习很差的学生,也可能拥有我们想象不到的潜力。

比如有人患有一种叫作"读写障碍"(dyslexia)的学习障碍,在学习文字的阅读和书写方面非常困难,而这种读写障碍与智力或理解能力却没有任何关系。

很多世界级名人都有读写障碍,比如好莱坞演员汤姆·克鲁斯和导演史蒂文·斯皮尔伯格,另外,很多企业家也患有读写障碍。

要是让我们脑科学家来说的话,用笔试成绩来评判一个孩子能力的高低,对有读写障碍的孩子来说是不公平的,因为每个人的脑都有不同的特点。

所以,我们无法用单一的标准去衡量一个人的个性和能力。

在 2012 年美国的一次科学与工程大奖赛上,一个年仅 15 岁的少年展示了他的研究成果——用碳纳米管来检测胰腺癌。我看完这个少年的获奖演讲之后非常震撼,他是在网上阅读了一些论文之后产生了这样有创意的想法,不同于传统的检测手段,他提出的检测方法成本更低、更有效率。

我在小学一年级的时候,加入了研究蝴蝶和飞蛾的学会——日本鳞翅学会。那时候一放学我就追着喜欢的蝴蝶跑。

所以,**每个孩子的兴趣点都是不同的。**即使不是很擅长学习的孩子,也有他们感兴趣的领域。这时候,对他们的引导和鼓励是非常重要的。

良性刺激可以促进大脑发育

初级视皮质上神经突触的密度和年龄的关系

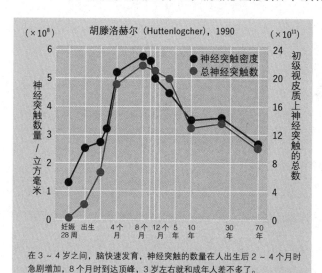

理想状态下，脑会在孩子 4 岁的时候发育完成约 80%。

不同的经历会产生不同的刺激，这些刺激会增加大脑的神经回路。

在 3～4 岁之间，脑快速发育，神经突触的数量在人出生后 2～4 个月时急剧增加，8 个月时到达顶峰，3 岁左右就和成年人差不多了。

生活经历促进孩子的大脑发育

人脑在 3～4 岁发育完成 80%，6 岁左右完成 85%，10 岁大概已经完成 90%。在这个发育阶段，给孩子大量的良性刺激可以促进大脑发育。在日常生活中多体验不同的事物、接触自然、读一些好书，都可以促进孩子的大脑和情感发育。

如果孩子表现出对某样东西感兴趣，要积极鼓励培养他哦！

9

5

什么游戏能让脑感到开心？

可以自己设计规则的游戏

我们先来看一个小孩子喜欢玩的游戏。

关于孩子的脑发育和游戏之间的关系，虽然我们现在还不能完全搞清楚，但可以确定两者之间确实存在一些联系。

现在，可能一说起游戏，我们的第一反应都是电子游戏，但是电子游戏并不能让孩子成为一个"创造者"。

只用纸和铅笔这样简单的道具，孩子们就可以创造出无数有趣的游戏。

游戏中最重要的便是富含"偶然性"，虽然在一定程度上可以预测游戏结果，但其中却仍然包含着一些随机因素。

富含偶然性的游戏，可以极大地促进脑的活动，具有无法估量的教育意义。

游戏的独创性便在于设计偶然性。比如，以前孩子们玩的面子游戏[1]和弹球，就可以自己决定游戏规则，自己创建规则也是游戏的重要组成部分。

电子游戏显然缺乏"设计偶然性"的过程。过去的孩子们能够用很小很简单的道具去设计游戏，我觉得现在的孩子们也应该体验一下这种感觉。

这个道理对成年人也适用，如果被强加规则而不能发挥创意和才智，便很难得到成长。

---

[1] 一种纸牌游戏。——译者注

推荐一个能让脑感受到开心的游戏 "P&P"

Paper & Pencil

改变规则以调整难易度也是游戏的一环。

以前的孩子们用纸和笔就可以玩的游戏，大多都富含偶然性且能活动大脑。这其中既有很困难的，也有过于简单的。但是过于困难和过于简单的游戏都不能让脑感到开心，难度适中的游戏才可以，即那些让孩子必须要尽全力才能完成的游戏。

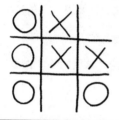

井字棋　2人

在纸上画出一个"井"字的形状，通过"石头、剪刀、布"来确定顺序，赢了的人可以先在一个格子里画上"〇"，输了的人则在之后选一个格子画"×"。谁先在横、竖或斜的方向上连成线谁就赢。可以通过在井字上加减线条来调整难易度。

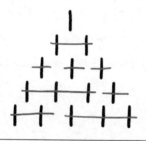

消除竖线　2人

先在纸上画 5 条竖线，再在上面画 4 条竖线，再往上依次是 3 条、2 条、1 条，每一行的竖线都要和前一行在竖直方向上错开。接着通过"石头、剪刀、布"确定顺序，赢的人可以先用横线消除任意数量的竖线，从哪里开始都可以，输的人则在之后用横线消除。但只可以横向消除，不可以竖向或斜向消除，并且消除后的竖线也不能再重复消除，消除最后一个竖线的人就输了。

你画我猜接龙　2人以上

用"石头、剪刀、布"决定顺序，从赢的人开始画画接龙。不可以告诉下一个人自己画的是什么，下一个人根据前一个人的画猜测答案，并根据这个答案再画一幅画传给下一个人。不会画画并不要紧，思考怎么画才能让下一个人明白才是最重要的。等到结束之后，按照顺序说出自己画了什么。

6

什么方法可以释放脑的压力？

发呆是消除压力的好方法

我们都知道压力过大会损害健康，对脑来说也同样如此。

若是你发现自己经常处在很焦躁的状态中，无法集中注意力，那么你可能需要客观地确认一下最近自己是不是压力过大。

这其实就是所谓的"元认知"，即从外部的角度去认识自己。这与前额皮质有关。如果能通过"元认知"客观地观察自己的状态，我们就能在心里给自己预设一个警示。

元认知过后，接下来便可以开始舒缓压力了。

这时候近年来备受瞩目的理论"默认网络（DMN）"[1] 便可以派上用场了。

迄今为止，关于脑的研究大多以"做点什么"时候的人脑为研究对象。与此相对，DMN 以"什么也不做"时的人脑为研究对象，试图解释这种状态下脑中神经回路的活跃方式。根据最近的研究，我们可以知道 DMN 活跃能够调节脑中的众多区域，并整理信息和情绪。换句话说，它就相当于大脑中的清洁工，对舒缓压力也有很好的效果。

为了让 DMN 活跃，我们必须有意识地创造发呆的状态。比较有效的方法就是散步，也可以试试禅修中一种放空大脑的走路方式——步行禅（参见第 26 页）。

---

[1] 指人在安静状态或者什么也不去思考的状态下脑中活跃的神经回路，中文译为默认网络，是静息态脑功能网络研究中的一大热点。——译者注

活用 DMN 整理大脑

在什么也不想、意识放空的时候，DMN 会比较活跃。实际上，据说在 DMN 状态下的脑会比认真研究课题时的活跃将近 20 倍，此时，脑会整理一些记忆碎片。如果我们在心智游移（mind-wandering）时想起一些不愉快的事并为此后悔，消极的神经回路就会被强化，压力也随之产生。所以，要想更好地利用 DMN，觉察（mindfulness）我们的内心就变得至关重要。

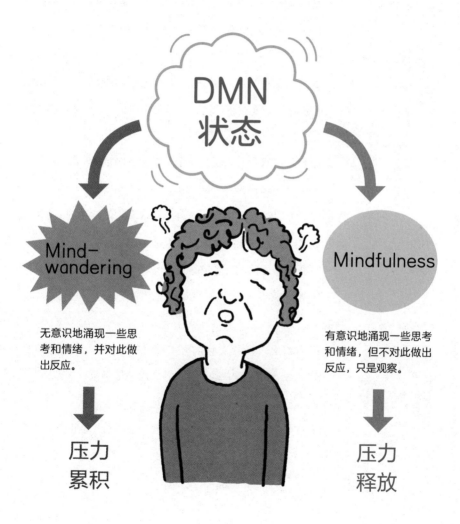

无意识地涌现一些思考和情绪，并对此做出反应。

有意识地涌现一些思考和情绪，但不对此做出反应，只是观察。

压力累积

压力释放

7

什么时候是用脑的黄金时段？

早上的大脑活力满满！

脑会在睡眠时整理当天的经历和记忆，尤其在快速眼动睡眠期间，这一活动异常活跃。虽然睡着了，脑电波却呈现出清醒时的样子，这个时候我们也会经常做梦。

我们平时说的熟睡指的是非快速眼动睡眠，整个睡眠过程由快速眼动睡眠和非快速眼动睡眠交替组成。（参见第110页）

早上起床的时候，脑内所有的记忆都刚刚被整理好，所以这时候的脑处在非常清爽的状态中。因此，**早晨是学习新知识、开拓思维的绝佳时段。**

接下来我就介绍几个我在早上常用的激活大脑的方法。

首先，为自己准备一点奖励来开始新的一天。我自己喜欢准备咖啡或者巧克力。吃自己非常喜欢的食物时，脑中会分泌多巴胺，它能提高动力、专注力和生产力。

只要是能让自己开心的东西，都可以当作晨起奖励。

比如和喜欢的人说话这种社交奖励也可以用来激活大脑。

用晒太阳来唤醒大脑也有比较好的效果，这是因为在沐浴阳光时，我们脑中相关的神经回路会被唤醒。所以，我一般会在天气好的早晨，去外面散步。

从脑科学的角度来看，"一日之计在于晨"还是很有道理的。

用脑黄金时间——茂木的时间管理法

早晨是一天中精力最充沛的时候，所以，起床后就马上行动起来吧！早起困难的人可能一开始会觉得很痛苦，但等到养成习惯之后，在思考之前身体就已经动起来了，这样也可以让脑活跃起来。"在思考之前就动起来"也是培养直觉和创造力的基础。

茂木的时间管理法

 看看喜欢的搞笑节目，放松一下准备就寝。

充分利用快速眼动睡眠和非快速眼动睡眠每1.5小时交换一次的规律，在睡得比较浅的快速眼动睡眠期醒来。第二天早上记忆整理完成，脑子会特别清爽。

 在醒来的瞬间就"全速前进"（进入生活状态），在枕头旁边放好手机和平板，醒来后马上上网看看新闻，或者去附近的小超市逛逛，晒太阳是唤醒大脑的很好的方式。

晒太阳

给自己准备
一些小奖励

茂木老师的晨起三小时

- 刷刷热门时事+给自己一点小奖励
- 去小超市逛逛
- 写写推特上的连载
- 查看邮件
- 吃早饭+看新闻
- 慢跑（约10千米）
- 洗澡
- 正式开始工作

8

无聊的生活会让脑退化？

脑会自己刺激自己

　　虽然不太好意思开口，但我在学术会议上听别人讲话的时候，经常会感到无聊，开始不自觉地把玩手边的东西。

　　这是因为有些内容太无趣了，所以脑会觉得无聊。

　　我的脑对刺激的需求很大，除非是做特别感兴趣的事情，或者是工作繁忙到根本没有空闲，它才会无暇考虑别的事情。

　　我并不觉得我的脑是个特例。人脑就是这样很容易感到无聊。可能你并不认可这一点，但实际上，大多数情况下脑都是在无意识地处理无聊这件事，而你自己根本注意不到。

　　无聊就是大脑基本处于空白状态时，它产生了一种特别想干些什么来填补这份空白的需求。脑中的神经细胞在没有受到外部刺激的时候也会自己活动。当外部刺激比较匮乏的时候，为了填补这份空白，脑就会自己找些事情做。

　　这个时候我们就会无意识地想起一些事情或者思考一些问题。有时候这样的思考会激发出灵感，历史上的许多发现、发明都是这样产生的。所以说，无聊并不是完全消极的，还是有一些用处的。

　　另外，这也是脑的自我调节机制，为避免不安这种负面情绪破坏脑内平衡做出了重要贡献。

无聊让大脑活跃

当脑觉得无聊的时候它会自己找乐子。对脑来说，整理组合脑内的记忆碎片，并从中发现、创造新事物就很有乐趣。无聊的时候不如试着想想"那件事应该还可以这样处理""那个到底怎么回事来着"，可能会触发一些意想不到的灵感哦。

看到对方的一瞬间，就喜欢上了对方，这就是一见钟情。看起来这似乎和本人的意志关系不大，这时候我们就必须看看脑内发生了什么才能搞清楚这个现象了。

迄今为止，科学家们围绕这个问题已经做了各种各样的实验，但到现在似乎也没有一个确切的结论。不过，也有少数研究能说明一些问题。

有一种观点认为，人和人在最开始见面的那两秒，就已经对对方做出了判断。

有人做过这样一个实验，调查上完一学期课程的大学生与只看了这个课程前两秒的录像的大学生对该课程的评价，结果显示这两种学生的评价基本上是一致的。

也就是说人有着在极短时间内就接收大量信息的能力。所谓一见钟情，就是在一瞬间根据对方的长相和气质等信息做出判断的结果。

虽然这种说法目前还处在假说的阶段，但这个观点是有脑科学根据的。

一般来说，人脑中负责感性的神经回路比负责理性的神经回路处理信息的速度更快一些。所以感性信息（以杏仁核为中心的神经回路）会比理性信息（以新皮质为中心的神经回路）更早到达目的地。

所以，在对方的信息输入后，负责感性的神经回路在新皮质还在理性地分析信息的时候抢先一步，发出了信号——"太喜欢他了"，这就是一见钟情。

可以说，喜欢一个人大多时候靠的都是直觉。

一见钟情机制

与一见钟情关系最紧密的结构是负责处理情绪和记忆的杏仁核。以杏仁核为核心、负责感性的神经回路先做出了心动的判断，新皮质随后给出了喜欢的理由，为一见钟情赋予了一定的合理性。

美国某个调查显示，在结婚的伴侣中，因一见钟情而结婚的情侣大概占 55%，而结婚后选择离婚的男性约占 20%，选择离婚的女性则在 10% 以下，跟美国 50% 的离婚率相比，这已经算是很低的比例了。

新皮质随后给出理由

人为什么会沉迷赌博？

多巴胺会提升人的幸福感

世界上不存在绝对会赢的赌博，赌博本身有着非常大的不确定性，这也是它吸引人的原因。

人脑总是容易被不确定性诱惑。

人在赢的时候会感受到一种飞扬的喜悦。在赢的那一瞬间大脑会分泌奖赏系统中的一种神经递质——多巴胺，正如它的别名"快乐因子"所昭示的那样，多巴胺是一种能提升幸福感的荷尔蒙。

赌博的行为不断重复，以前额叶为中心的分泌多巴胺的神经回路就不断得到强化。长此以往，脑会非常渴求这种高涨的快乐，于是会很想再次体验这种喜悦的感觉，从而陷入我们所说的上瘾状态。

然而，赌博带来的快乐都是转瞬即逝的，持续赌博带来的影响一定是负面的。因为所有赌博的规则都对庄家有利。

人生也有一些赌博的成分，考试、求职、恋爱、结婚、工作等，不到最后我们永远也不知道结果会是怎样。

但是人生和赌博的规则是不同的，只要竭尽全力，我们是可以扩大自己人生的赢面的。

虽然人总是容易被充满不确定性的东西诱惑，但若是想从这样的不确定性中得到快感的话，比起赌博，我们更应该认真经营自己的感情和工作，这是比赌博更有意义的事情。

从"沉迷"发展到"成瘾症"的机制

一旦从"沉迷"发展到"成瘾症",人就很难从其中抽离了。因为不断重复的刺激会使相关脑回路得到强化,逐渐演变到自己的意志控制不了的程度,进入"想停也停不下来"的状态。下面我就来给大家解释一下这个发展机制。

成瘾的种类

● **物质成瘾**

因为对酒精和药物等物质上瘾而产生的成瘾症。

● **过程成瘾**

沉迷于像赌博这种特定的行为和过程之中,无法自拔的状态。

成瘾的脑机制

❼ 发展为成瘾症

不论摄取多少成瘾对象都无法获得满足感,于是变得焦躁不安、挫败感强、欲求不满,再也回不到未成瘾时的状态。

❶ 酒精、药物或赌博的刺激

❻ 寻求更进一步的刺激

为了体验之前的感觉,成瘾者会越来越渴望令人上瘾的东西。

❷ 分泌多巴胺

接收到刺激之后,脑中会分泌多巴胺,中枢神经开始兴奋,脑感受到快乐。

❸ 渴望奖励的神经回路被激活

渴望多巴胺的神经回路开始活跃。

❺ 中枢神经系统麻痹

能够感受喜悦的中枢神经机能逐渐变得低下。

❹ 强制分泌多巴胺

渴望奖励的神经回路会让摄取成瘾对象的行为成为习惯,为的就是强制分泌多巴胺。

该如何治愈心理创伤呢？

在脑内创建积极的神经回路

人在面对死亡威胁的时候，负责调节情绪波动和记忆的杏仁核会令那段记忆更加深刻，这就是心理创伤的由来。

心理创伤就是当我们受到外部剧烈的刺激或感受到强烈恐惧的时候在精神上受到的伤害，这也与脑的活动有关。

没有丝毫征兆就突然清晰地回忆起了受到心理创伤时的场景，这种现象叫作闪回（flashback），由此而感受到的巨大痛苦被称作创伤后应激障碍（PTSD）。

为了克服心理创伤而不停地告诉自己"忘掉它""不要再想了"，只是在压抑它罢了，甚至会起到反作用，令心理创伤更加严重。

在脑中构建积极的神经回路是治愈心理创伤的有效方法。比如我们可以在思考的时候，尽量避免激活与心理创伤相关的神经回路，而尽可能去激活积极的神经回路。

这样做虽然不能将脑中与心理创伤有关的神经回路消除，但是我们可以通过创建积极的神经回路，为思维提供新的选择。

等到可以冷静地直面心理创伤的时候，我们再去思考为什么这样的经历让我的心灵受到了伤害，这种经历让我感受到了什么，对我的人生有怎样的影响。我们可以通过反复地寻找这些问题的答案，自然而然地跨过心理障碍，最后达到治愈心理创伤的目的。

切断消极思考的神经回路、创建积极的神经回路

其实每一个人都有类似的回忆，虽然可能并没有严重到可以被称为心理创伤，但一想起来还是会觉得很难过。有时候我们可能只是因为某个契机变得不太开心，接着就会想起一些消极的事情，然后变得越来越难过。为了避免这种情况发生，接下来我为大家介绍一些从消极转变为积极的方法。

❶ 马上转换心情

当想起不开心的事情的时候，尽可能快速地将注意力集中在手头的工作上，专注于做事可以打断消极的思考。

专心做好眼前事

转变成

❷ 关注自己的呼吸

调整姿势、放松全身，慢慢地用鼻子呼气、吸气，吸气时间约为呼气时间的一半，感觉到放松后不断重复。

聆听自己的呼吸声

❸ 想想自己喜欢的人和事

想想自己喜欢的人、喜欢的食物或者自己的兴趣爱好等，只要是一想到就会觉得很幸福的东西都可以，心情难过的时候就打开这个开关。

❹ 活动一下身体

运动可以锻炼前额皮质，提高注意力和判断力。养成良好的运动习惯可以消除压力。慢跑的时候就很容易进入正念的状态。

12 为什么正念（mindfulness）对大脑有益？

专注于当下能够激活DMN

一个人一天内大概会思考 6 万次，大多数都是没有自我意识参与的自动式思考。若是放任这种脑内活动而不加以控制，那么，我们的想法和感觉就很容易陷入一种失去自主权的自动运行状态，我们自己也很容易对未来感到焦虑，还会不自觉地想起过去的事情，产生无用的后悔情绪。

正念可以有效地帮助我们终止这种恶性循环。只专注于当下，平静地观察自己此时此刻的感觉和想法，不做任何判断，这就是所谓的正念。在日语中，正念也被翻译成"觉察"。近年来"觉察"这个概念在日本的脑科学、心理学和认知科学等领域都有一定的发展。美国一些先进的 IT 企业，为了让员工能够保持正念的状态，会在公司内部开展一些正念冥想的培训，这种培训的知名度越来越高。

那么，当我们进入正念状态的时候，脑中会发生一些什么样的变化呢？

这就又要提到我们之前说过的默认网络（DMN）了。在进行冥想和步行禅时，因为我们什么都没有想，所以脑处于待机模式，这时候就很容易进入 DMN 活跃的状态。

这种状态会保养我们的脑，于是，在不知不觉中压力消解了，脑的创造能力也提升了。

我们常说的专注当下、专注自我，享受达成目标的过程，也算是正念的一种吧。

正念冥想实践法

我们在保养脑的同时，压力也会得到释放，这样便更容易产生灵感。正念冥想会帮助我们进入这样的状态，养成正念的习惯能够强化积极的神经回路，下面就来给大家介绍一下茂木式正念冥想。

正念的两大要点

❶ 不做判断

不管现在处于什么样的状态，都不做任何评价和判断，只是观察。

❷ 让意识专注于"此时此刻"

不去理会脑中浮现的想法和感觉，不去思考过去和未来，专注于"此时此刻"。

正念冥想实践法①

● 打消不安的"观察呼吸法"

5 ~ 10分钟 / 次 × 1日2次

1 在眼睛刚刚睁开的时候，马上坐在床上或者椅子上，放松身体。

2 将注意力集中在呼吸上，进行腹式呼吸。观察此时身体处于怎样的状态之中。

3 在注意全身动向的同时，将注意力集中在鼻尖上。

4 若是中途被各种想法和感觉打断，那么就再次将注意力集中在呼吸上。

5 等掌握了呼吸法的诀窍之后，就不再关注呼吸，而是把注意力转向脑海中漂浮的想法，但不要做任何判断和评价，只是观察。

训练自己对思想、感受和感觉的观察能力。

当我们因为工作而产生一些不安的情绪时，尝试以第三者的视角来观察自己的思维和感觉。比如说，"我的脚有一点麻"这种感觉，从旁观者的角度来看，就会变成"脚麻这个信号已经传递给大脑了"；因工作而焦虑时，以第三者的视角观察，就能意识到"哎，我现在正在想工作上的事情"。

正念冥想实践法②

●用全身扫描去打磨心灵

5～10分钟/次×1日2次

1 仰卧平躺，卸掉全身的力气，放松。

2 从脚尖到脚踝，再到小腿、膝盖……像这样依次扫描全身，注意在这个过程中不要移动身体。扫描时不要带着"脚踝上还有个旧伤呢"这样的想法，只是感觉到脚踝的存在就可以。

3 可能扫描的过程中会不断产生一些想法和感觉，若是不小心有了一些联想，那么就试一试第25页的"观察呼吸法"，让自己平静下来。

一天冥想两次，几周之后我们就会发现自己的思想、感受和感觉会产生一些变化，消极的东西在这个过程中逐渐消失了。

习惯后

正念冥想实践法③

●步行禅

1 有意识地运用"观察呼吸法"，心情愉快地散步。

2 最好选择自己非常熟悉的地方作为散步场所。可以每次都去同一个公园，慢慢地就习惯了。

步行禅的目的是放空大脑，不要听音乐，自己一个人安静地走，但是也不必特意戴耳塞隔绝全部外界信息。

每次最少走十分钟，一直走到整个人都是一种空的境界为止。上班的路上也可以修行步行禅。

第 2 章

大脑一直在发育

最大限度提升脑力的方法

13

能够最大限度提升脑力的方法是什么？

尝试新事物 让脑保持活力

　　尝试新事物能够刺激脑内的神经递质多巴胺的分泌，不论多小的事情都可以。

　　多巴胺除了能够调节运动和荷尔蒙之外，还和愉悦感、主动性、学习相关，多巴胺的分泌可以强化脑内的神经回路，"强化学习"现象也因此而产生。

　　强化学习的原理就是，多巴胺的分泌可以强化多巴胺分泌前的行为。

　　比如，一个认为自己学习很差的孩子开始努力学习，并在考试中取得了很好的成绩，他就会感到非常强烈的喜悦，学习的兴致也一下子高涨起来，这就是多巴胺分泌产生的结果。

　　强化学习的诀窍之一就是"游戏化"（gamification），指的是在学习中加入一些游戏的元素，比如在十分钟内背完所有的英语单词，像这样去设定完成时间是"游戏化"常用的手段之一。

　　这个设定的时间限制，应该能让你在尽全力的情况下刚好能完成。这样才能让人产生达成目标的满足感，也只有这样才能激起人再次挑战的欲望。

　　像这样的小诀窍经常会被用在小朋友的学习过程中，其实成年人也可以运用这个技巧促进多巴胺的分泌，开发自己的大脑。

能够逗大脑开心的"游戏"

将"游戏化"活用在日常工作和学习中，可以提高脑的灵活性。即使是容易让人感到痛苦的事情，要是抱着参与游戏的心态去做的话，也能激活大脑的奖赏系统，从而提高我们的行动力和专注力。下面我就来介绍一下用"游戏化"来提高脑的灵活性的方法。

游戏化的诀窍

❶ 明确目标

比如"30 分钟背 10 个英语单词""写完两个计划书就睡觉"，将自己要达成的目标设定得具体一些，并且将完成时间设定成自己尽全力刚好能做到的程度。

❷ 设定奖励事项

设定目标后，再准备一些完成目标后的奖励。比如"30 分钟背 10 个英语单词，就刷 10 分钟的 SNS（社交网站）"。对奖励的期待可刺激额叶的神经回路。

游戏化的小例子

设定时间

在多少分钟内完成某项任务，像这样去设定时间会提升专注力。像"今天写完两份计划书"这样模糊的时间限定会拉低成就感。

设定奖励事项的小例子

奖励

把自己很喜欢的东西或是事情当作完成目标的奖励，会让我们的心情更加平和。食物、泡澡或者给自己喜欢的人打电话都可以。

14

夸奖有助于脑的发育，这是真的吗？

及时而具体的夸奖，会让脑开心

有些人会说自己"只有被夸奖才能成长"，在生活中我们也经常碰到这样的人。当然得到夸奖会令人觉得很开心，但从脑科学的角度看，得到夸奖就会成长是有科学依据的吗？

答案是肯定的。

得到夸奖会让脑内的奖赏系统多分泌几倍的多巴胺，也就是说夸奖会让脑开心。

其中最关键的就是时机。以多巴胺为核心的奖赏系统有一个特点，那就是夸奖行为与引起多巴胺分泌的行为在时间上不能隔得太久，也就是说一定要当场就夸奖。

另外，要想夸奖发挥作用还有一个关键，那就是有针对性。

比如"你真厉害"这样的夸奖就没有什么针对性。具体地指出对方是怎么进步的、有针对性的夸奖才是有效的夸奖。比如"和上个月比起来进步好多呀，真厉害"。

某个奥运选手就曾说过这样一句话："不管是多顶尖的运动员，有教练带着都会发展得更好。"

教练存在的意义就是将选手自己发现不了的优秀之处反馈给他。

这其实也可以应用到日常生活中去。

得到夸奖会让脑感到开心并因此成长，所以说教练这个角色在生活中也是非常重要的。

夸奖能使脑开心的机制

夸奖会让脑分泌多巴胺和血清素这两种神经递质。多巴胺能提升干劲，血清素能增加平和感。而且，夸奖别人的人因为看到对方很开心，会觉得自己的行为带来了正面影响，也会分泌多巴胺。

夸奖的窍门

❶ 及时

与在第 28 页中解释的"强化学习"相似，在行为发生之后马上夸奖，夸奖就会让强化学习进入下一个循环周期。

❷ 有针对性

"那个企划的这个部分很好""能解决那个问题很厉害"，像这样有针对性的夸奖也很重要。

● 夸奖的效果

得到夸奖的人

- 多巴胺分泌，变得更有干劲
- 血清素分泌，心情变得更加平和
- 与夸奖有关的神经回路得到强化，下次便更容易做出能"被夸奖"的行为
- 对夸奖自己的人更加信任

夸奖别人的人

- 看到对方开心的样子，感受到了自己对他人的积极影响，多巴胺分泌
- 虽然是自己在夸奖别人，但会有一种得到夸奖的错觉，多巴胺分泌

**更有干劲
表现得更好**

**脑变得
更加灵活**

15

健忘是大脑老化的表现吗？

健忘是保持年轻和创造力的一个好机会

　　这里的健忘说的是"明明知道就是想不起来"这种突然的遗忘。虽然觉得"自己肯定知道"，但是怎么都想不起来，一旦有这种令人烦躁的状况出现，大脑就会感觉像被笼罩在雾里一样。

　　"明明知道"这种感觉可以称作"已知感"。若是一开始就认为自己不知道，因为无从追忆，也就不会有什么特殊的感觉。

　　但若是有了"已知感"却怎么也想不起来，只是隐约有些印象，就会开始怀疑自己的记忆力。

　　我们已经知道唤醒记忆与颞叶相关。正如前文所说，唤醒记忆时，额叶会向负责储存记忆的颞叶发出"我想知道这件事"的信号。

　　"已知感"是读取记忆的第一步，若是从"已知感"到"读取"这个过程进展得不顺利的话，就会产生突然遗忘的现象。

　　突然遗忘确实很令人焦躁，但不可否认的是，想起来的那一瞬间，我们会有一种脑变得更加灵活的感觉。当我们非常努力地去回忆的时候，脑会动用各种手段去辅助我们。

　　实际上，这个努力回忆的过程和创造的过程有些相似。想起突然遗忘的事或者有了新灵感，都会产生一种"我终于做到了"的快感！

　　以后我们就不要再将健忘和衰老联系在一起了，"努力回想"这个过程，或许能让我们保持年轻和创造力。

健忘（突然遗忘）是怎样提高创造力的

当我们明明有印象却怎么也想不起来的时候，就会想问别人或者用智能手机查询，但依靠自己的力量努力回忆的过程能够帮助我们的大脑提升创造力。实际上，我们努力回忆时所激活的神经回路和创造时所激活的神经回路是同一个。脑在努力回忆的过程中全速运转，最后终于想起来，这时候大脑就会分泌多巴胺，神经回路便得到了强化。

想起突然遗忘的事会产生这样的效果

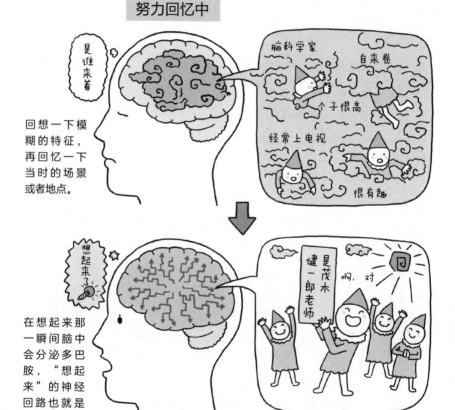

努力回忆中

是谁来着

回想一下模糊的特征，再回忆一下当时的场景或者地点。

脑科学家

自来卷

个子很高

经常上电视

很有趣

想起来了

在想起来那一瞬间脑中会分泌多巴胺，"想起来"的神经回路也就是创造的神经回路会得到强化。

是茂木健一郎老师

啊，对

健忘是提高创造力的好机会！

16

怎样才能找回自信呢？

首先要自信起来，之后再给自己的自信寻找依据

如果细心观察，我们会发现婴儿通常都是充满自信的。在爬行的时候，他们不会有"我真的可以吗"这样的怀疑。学走路的时候也非常勇敢，不会有"今天状态好像不太好，明天再说吧"这种想法。

然而，随着年龄的增长，当我们成为成年人之后，就会失去这种不需要理由的自信，反而越来越善于为自己找到"不做"的借口。

现在想想，我们是不是经常用"话是这么说，但这只是理想情况，现实可不是这样的"这种借口去说服自己呢？

如果我身边也有人失去自信，那么我想对他说："先自信起来，然后再努力为这份自信寻找依据。"

若只是空谈梦想，却并不为之付出努力，那么久而久之这个人自己也不会相信梦想会成真。若是有着"我这个梦想一定会实现"这样的自信，那么他自然会为这个梦想拼尽全力。

此外，若是一个人有着没来由的自信，那么他也不会去要求别人的自信必须有理有据，于是自由的氛围便产生了，他也会影响他周围的人，大家都会变得自信起来。

反之，若是一个人没有自信、很自卑，自卑就会逐渐成为他性格的一部分。

若是能够将这种自信传递给周围的人，那么不论是个人、家庭还是社会，都可以成为安全基地，所有人就都拥有了敢于挑战的勇气。

变自信的秘诀

即使是遇到挫折，也能怀着自信勇往直前，这样的行为会刺激额叶，强化很多神经回路。若之后再遇到逆境，便也能自信地去面对。至于自信的依据，之后努力补上就可以了。

❶ 动起来

试着让身体动起来，脑中有一个叫苍白球的结构，是基底核的一部分，负责鼓起干劲。运动可以让苍白球更活跃。

❷ 把失败的事情写出来

把失败的细节写到纸上，然后看看它到底是不是一个对我们来说毫无办法的困境，还是说也有其他的解决办法，用客观的角度去重新审视。

❸ 用假设刺激前额皮质

前额皮质主要负责思考和创造，和积极性与干劲密切相关。我们可以想象自己已经成功了的样子，用假设去刺激前额皮质，让自己相信只要努力就可以实现目标，这样我们就会充满干劲。

我能做的事！

❹ 模仿充满自信的人

观察充满自信的人，模仿他们的言谈举止也是很有效的。挑战平时不敢尝试的事情，久而久之我们的思考模式也会随之发生变化。

关键在于失败了也不放弃。

虽然实际上并没有自信，但经常说自己有自信，并且时刻都带着笑容，脑就会产生一种心情很好的错觉。所以我们就先从行动开始改变吧。

17

脑真的很喜欢尝试新事物吗？

到陌生的地方旅行会让脑更加活跃

当我们去一个陌生的地方旅行的时候，脑会发生怎样的变化呢？

旅行的魅力就在于新的见闻、新的食物和新结识的人。

新的体验会激活脑中有关好奇心的神经回路，分泌大量与幸福感相关的神经递质——多巴胺。

实际上，若是用同一种方式刺激神经细胞，我们会发现只有第一次刺激时神经细胞的反应最大。随着次数的增加，神经细胞的反应程度不断减弱。

去新的地方旅行，就像是打开了一个"第一次"的宝库，所以这一定会给脑最大程度的刺激。

掌管记忆的海马体中有一种叫作"位置细胞"的神经元细胞，当我们去新的地方旅行时，这种神经元细胞就会被激活。而我们制订旅行计划的时候，额叶会被激活。

不管我们制订了多么缜密的计划，在旅行中都可能会有意外发生。旅行本身就有着丰富的偶然性。生物为了应对突发事件才进化出了脑，可以说脑就是为应对偶然性而设计的，因此旅行可以有效激发脑的潜力，旅行中的"serendipity"（机缘巧合，代表着出乎意料的体验和偶然的幸运）会让脑更加活跃。

这样的旅行可以让脑更加活跃，甚至还有让脑返老还童的作用。

serendipity 让脑更加灵活

serendipity 这个词由英国作家霍勒斯·沃波尔创造，他曾与朋友写信聊起童话《斯里兰卡的三个王子》(*The Three Princes of Serendip*)，建议用 serendipity 表示"偶然遇到了一些幸运的事儿"，后来这个词被广泛使用。这个词在科学界出现的频率也不低，曾有一位诺贝尔奖得主用"无法预测的 serendipity"来形容一个伟大的发现。那么怎样才能遇到这种无法预测的幸运事儿呢？下面我就给大家介绍一下 3A 法。

3A 法

action
（行动）

无目的的等待并不能等来偶然的幸运。不要考虑目标和原因，首先要行动起来，到一个未知的地方去。

awareness
（觉察）

若是好不容易遇见了点幸运的事儿，我们却没有注意到，那这种幸运就没有任何意义。让我们放宽眼界，以"边缘视角"留意不易被自己关注的角落吧。

acceptance
（接受）

即使碰到一些不符合我们以往价值观的事物，也不要抗拒，先试着去接受。学会接受才是产生灵感最重要的秘诀。

啊，灵感有了！

37

18

为什么亲身体验比书本知识更加重要？

整理有关亲身体验的记忆是锻炼脑的一种方式

传统定义下的好学生当然是非常优秀的，若非要说还有什么美中不足的话，那就是他们缺乏生活体验吧。

要适应复杂的现代生活，亲身体验是必不可少的。

从"记忆"的角度来看，亲身体验有着独一无二的特点。在大脑对这段经历进行处理之前，也可以说在"整理前"，这段经历包含很多无关的杂乱信息。

我们通过书本或者影像得来的知识，都是已经经人整理编辑后的产物。当然对知识的传递来说这是很有必要的，但从另一方面来讲，这种学习方式却使我们少了亲手整理分类并用自己的语言描述出来的主动过程。

记忆一般都被存储在大脑皮质的颞叶区。脑会慢慢对积累的这些记忆进行整理和编辑。在整理有很多杂乱信息的记忆的时候，脑会试图从中寻找这些经历的"意义"，这个过程便是脑锻炼和成长的过程。

记忆在我们脑海中定格之后，并非就此不变，它还会经历长时间的整理。比如，我们会突然想起很久之前的经历，然后感受到它对我们人生的影响和意义。

这就是因为脑一直在默默地整理记忆。

由此可见，亲身体验对人来说是非常重要的。

鲜活的体验是非常有用的！

人作为环境的一部分，认知世界的方式是用身体去感知、思考、进化。这种用身体去感受事物的特性可以称为"身体性"（可参照第 88 页）。我们可以说通过亲身经历而获得的知识是带有"身体性"的知识。比如同样是去了解富士山，实际登山的人比通过书本了解的人获得的信息要多得多。这种亲身体验会以记忆的形式保存在脑中，可能会在未来的某个时刻意外地成为我们灵感的来源。

通过一次体验获得大量的信息！

山顶的水可真好喝呀。

富士山的天气多变，可能会突然下雨。

书上说林线大概在五合目[1]，但比五合目再高一些的地方也还有树呀！

登山杖可真是买对了，太感谢那本攻略了。

海拔 3000 米的地方空气稀薄，感觉头有些痛，幸亏我带了便携式的氧气瓶。

下坡的时候膝盖更容易嘎吱嘎吱地响。

人可真多呀。

从八合目开始再往上爬就有些吃力了。

意外发现了一株高山植物，叫富士蓟，花可真好看呀。

山里的小店有卖便当的，里面还放了鲑鱼！

即使不走太远，只是在附近转转也会遇见些新东西，这也会刺激大脑。

---

[1] 富士山从山脚到山顶，共划分为十个合目，由山脚下出发到半山腰称为五合目，山顶为十合目。——译者注

19

怎样才能维持脑健康呢？

重视脑健康是维护脑健康的第一步

我们对自己的脑抱有很多期待，比如希望它记忆力更好一点，希望它更感性一点，希望它在我们死前一直都保持活力等，对它的健康也越来越关注。比如书店里就随处可见类似《教你怎样让脑子变得好用》这样的书。

脑是我们身体的一个器官，所以期待它的成长、关心它的健康也是理所当然的。不过我们并不能完全掌握和控制脑的运作过程。

我们只能有意识地在力所能及的范围内保养大脑，剩下的就只能交给大脑的自然生命力了。

养护脑的方式有很多，比如读一本好书、认识新的人和事儿、挑战新事物，等等。

但是，这些行为产生影响的过程都是无意识的，我们并不能控制它们发挥作用的方式。

不过不可否认的是，这些知识、经历和欲望会让脑更加灵活。

脑还会将这些行为用记忆的方式储存起来，再慢慢整理，可能很多年之后，这些记忆会以一种意想不到的方式成为我们灵感的来源。

不论什么年纪开始保养我们的脑都不算晚，保养的方法也并不难。

比如，怀有"想要永远年轻"的愿望，并为之努力，就已经是在保养我们的脑了。

对大脑有益的营养素

只占全身质量 2% 的脑却要消耗我们 24% 的能量。这么看来，脑的食量可真大呀。脑也是一个器官，它也有必需的营养物质。其中最广为人知的可能就是葡萄糖，下面我就来介绍其他一些能够维持脑健康的营养物质。

DHA（Omega-3）

功效 广泛分布于脑组织中的 DHA 对脑神经的发育有促进作用。对成长期的孩子来说尤为重要。DHA 可以让脑更加活跃，提高记忆力和专注力。

富含DHA的食品 沙丁鱼、青花鱼、秋刀鱼、鲹鱼、金枪鱼、牛油果等。

必需氨基酸——酪氨酸

功效 是合成多巴胺的原料。酪氨酸缺乏会导致多巴胺无法合成，可能会引发抑郁症。

富含酪氨酸的食物 杏仁、牛油果、香蕉、牛肉、鸡肉、巧克力、咖啡、鸡蛋、绿茶、酸奶、西瓜等。

必需氨基酸——色氨酸

功效 合成血清素的必需材料，没有色氨酸便无法合成血清素。

富含色氨酸的食物 猪肉（瘦肉），牛肉（瘦肉），豆腐、纳豆、味噌等大豆制品，芝麻，奶酪，牛奶，酸奶，等等。

多酚

功效 可以提高记忆力和思考能力，含有可可碱。

富含多酚的食物 巧克力、大豆制品、绿茶、红茶、咖啡、红酒、荞麦面、洋葱、柑橘等。

维生素B$_6$

功效 帮助吸收葡萄糖，帮助合成神经递质多巴胺、肾上腺素、去甲肾上腺素、GABA（γ-氨基丁酸）、乙酰胆碱等。

富含维生素B$_6$的食物 小麦胚芽油、大米、土豆、牛肉、猪肉、鸡肉、鸡蛋、牛奶、乳制品、海鲜、扁豆、青椒、坚果等。

我喜欢的食物是巧克力和咖啡。

20

悠闲度日会加快脑的衰老吗？

喜欢挑战是脑的本能

现在很多人都会觉得"我活得悠闲自在就很好呀"，但其实在内心深处这些悠闲人也是渴望挑战的，因为这是大脑的本能。

从出生的那一刻起，人就注定要面临各种挑战，我们就是在这些挑战中不断学习、不断成长的。

所以说，即使不考虑其他事情，只是悠闲地生活，大脑也在学习新知识。

而如果你想积极主动地迎接挑战，建立自己的安全区是很重要的。

英国的心理学家约翰·波尔比（1907—1990）在观察儿童行为的时候，发现了安全区的重要性。

家长在身边看护，孩子有了安全感才会对这个世界进行充分的探索。没有这种安全感的孩子好奇心明显要少一些。

以边缘系统为核心的情感系统位于大脑皮质下方，负责平衡安全感和探索心。因为知道自己有可以随时依靠的港湾，于是会觉得比较安心，所以才会渴望挑战新事物，情感系统也变得活跃起来。

"为探索设置一个安全区"这个概念不但适用于儿童，也适用于成年人。

不论是大人还是孩子，只有设置了自己的安全区，才能有积极挑战新事物的渴望，这是大脑成长过程中不可或缺的因素。

在挑战之前先给自己设立一个安全区

孩子的安全区主要由监护人给予的"安全感"构建而成，而对大人来说安全区则主要由经验、技能、人脉、自己的价值观构成。自信和敢于迎接不确定挑战的勇气都由此而来。脑非常喜欢不确定、具有偶然性的东西。当我们鼓足勇气踏出一步去尝试新事物时，脑会显示出异常兴奋的状态。

大人的安全区

迄今为止积累的经验、技能、人脉、价值观为我们提供自信和勇气。

不论多大年纪，挑战都能带来兴奋感！

经验

技能

人脉

价值观

怎样才能自信地迎接挑战呢？

先从"每天做50个俯卧撑""每天背10个英语单词"这样的小目标开始，每次完成后都在心里夸奖和鼓励自己。久而久之，就会产生"我竟然这么能干"的想法，慢慢就会有自信了。

21

我们能按照自己的心意改造脑吗？

脑会朝着你想要的方向进化

若是说起"进化的契机是什么"这个话题，很多人都会说是"拼命活下去"。

大象的祖先想要喝到水，所以努力地伸长鼻子，才有了今天的长鼻子大象。长颈鹿的祖先想要吃到高处的叶子不断伸长脖子，所以才有了今天的长颈鹿。

这些说法当然都只是杂谈而已，不过脑的进化确实和这些说法相似。

脑的进化是由欲望引导的。

额叶是脑中所有神经回路的总指挥，额叶的中枢在前额皮质，前额皮质上的神经回路正是随着个人的欲望而活动的。

所以，想要当音乐家的人，他的脑就逐渐变成了音乐家的脑，想要当数学家、文豪、工匠的人，他们的脑也随着他们的想法逐渐变化，最终演变为专业人士的脑。

欲望促使脑变化是脑科学的一个重要观点。

不过，人生最难的事情就是一辈子保持干劲。成功才能孕育出再次前进的动力，但持续保持"愿望→努力→成功体验→愿望"这个循环很难。

所以，有意识地按照自己的想法生活会刺激大脑，让它不断产生好的变化。

愿望和目标促进脑发育

对刺激产生反应是脑的特性之一。被称作"脑的指挥部"的前额皮质就喜欢"和平时不一样"的刺激。若是每天都过着重复而枯燥的生活，那么前额皮质是不可能活跃的。若是希望我们的脑不断成长，就要一直抱着挑战目标的心态。为了实现目标去学习、收集信息的过程也会给脑带来刺激。

当我们有意识地为实现目标而努力时，前额皮质会有怎样的反应呢

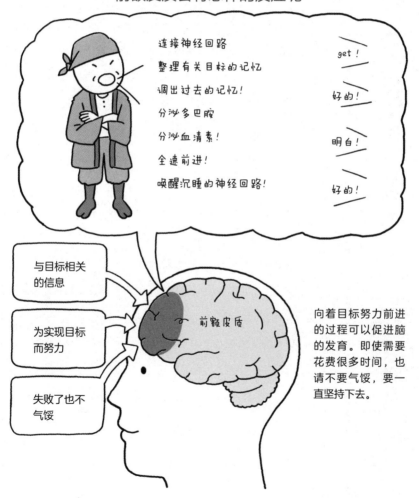

连接神经回路

整理有关目标的记忆

调出过去的记忆！

分泌多巴胺

分泌血清素！

全速前进！

唤醒沉睡的神经回路！

get！

好的！

明白！

好的！

与目标相关的信息

为实现目标而努力

失败了也不气馁

前额皮质

向着目标努力前进的过程可以促进脑的发育。即使需要花费很多时间，也请不要气馁，要一直坚持下去。

22

脑的发育有年龄限制吗？

人脑在任何年龄段都可以继续发育

小孩子成长的过程非常有趣，他们动作笨拙的样子会让人情不自禁地露出微笑。

在成长过程中，通过大脑皮质的主要运动区、运动前区，还有小脑的不断学习，孩子们笨拙的动作会变得熟练起来，脑内神经细胞的连接也会发生一些戏剧性的变化。

我们为什么会觉得孩子笨拙的动作很可爱呢？因为我们从中感受到了向上的生命的力量，感受到了生命在不断学习中的坚强。其实成年人的笨拙也具有同样的感染力。

人类就是终生学习的生物。虽然对成人来说，不断挑战新事物可能是一个很难堪的过程，但如果不这样做的话，脑的学习能力就永远都无法提高。**人脑有着无限的潜力，它在任何年龄段都可以不断成长。**

我们要学会欣赏自己的笨拙和困惑，没有这样的心态，就无法开发脑的学习潜力。

其实不只是孩子学习的过程很有意思，成年人尝试新事物的样子也非常有趣。**看到爷爷奶奶们笨拙地尝试新事物的样子，我也会觉得他们很有魅力。**

这样的例子在社会中随处可见，互联网最初问世的时候，还有很多人觉得上网是件很难的事情呢。但是大家通过不断学习最终都能熟练地使用互联网，互联网也变成了社会的基础设施之一。

任何年龄段的"第一次"都可以促进脑的成长

脑一生都在发育。如果遇见一些不符合自己以往世界观和价值观的事情,不要急着否定,试着冷静地去思考和审视。上了年纪也喜欢尝试新事物的人,他们的思维灵活而年轻,他们的脑也一直都在成长。

还在发育中

什么都可以吸收!

止不住的好奇心!

紧张感

第一次体验

这次就试试橄榄球!

不受伤的小秘诀

积极主动去尝试新事物的人也会获得身边人的支持,这会成为下一次挑战的动力,试着构建这样一个良性的循环。

利用脑的"强化学习"能力
制定自我改造计划

　　本书经常提到的多巴胺，是一种在我们高兴时会分泌的神经递质。多巴胺的分泌会强化其分泌前的动作或行为，使得我们下次再做这个动作的时候更加容易一些。

　　基底神经节位于脑的深处，是大脑内一些核团的总称。基底神经节负责调节运动，与认知、情感、欲望、学习等功能相关。多巴胺的分泌会令基底神经节强化与运动、情感、学习相关的神经回路。

　　这就是所谓的强化学习。

　　这个强化学习的机制适用于人类所有的动作和行为。

　　努力学习取得好成绩→更加努力地学习。把喜欢的人逗笑了→更喜欢他了。打扫卫生被老师表扬→下次打扫得更干净。相信大家都有这样的体验，努力后得到了好结果，于是下次更加努力。

　　另外，强化学习机制也会导致人们容易沉迷于赌博。

　　所以怎样应用这个强化学习机制完全取决于个人。我们可以利用"强化学习"这个脑机制去塑造自己，让自己逐渐成为理想中的样子。

第**3**章

脑能产生灵感

今后是灵感的时代

23

脑是怎样从0到1创造新事物的？

〜〜〜〜

创造是对脑内记忆信息的再编辑

很多人对创造的印象都是"从0到1""从无到有"，但实际上并不是这样的。

我们在绞尽脑汁思索新点子的时候，额叶会向新皮质的颞叶联合区发送"我想要个这样的点子"的信号。

颞叶联合区是存储着大量信息的记忆仓库，接收到信号后，颞叶联合区会在记忆仓库里对海量的信息进行组合、编辑，然后挑选出比较符合要求的信息发送给额叶。创造就是在这些信息里挑选出最符合条件的那一个。创造力就是对大量信息重新整理编辑的能力，可以说创造就像是一种回忆。

如今人工智能（AI）在很多领域取得的成就都已经超越了人类，而创造力是人类仍然保有的少数优势之一。

影响创造的最重要的两点，一个是颞叶联合区储存的记忆信息的数量，另一个便是额叶对需求描述的清晰度。

所以，为了提高创造力，首先我们要增加存储在记忆库中的信息量，其次，还要提升对需求的具体描述能力。

提高创造力的秘诀

为了提高创造力，我们要尽可能地积累信息，它们是构成创造力的原材料。鲜活的体验和不断的学习可以增加原材料的数量。此外，我们需要明确自己到底想要一个什么样的点子，提升对需求的描述能力。

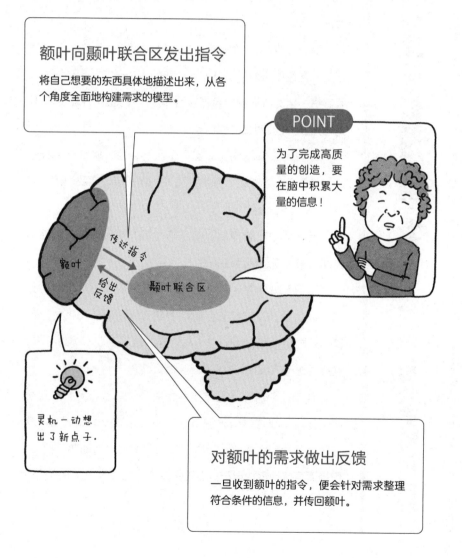

额叶向颞叶联合区发出指令

将自己想要的东西具体地描述出来，从各个角度全面地构建需求的模型。

POINT

为了完成高质量的创造，要在脑中积累大量的信息！

传达指令

额叶

给出反馈

颞叶联合区

灵机一动想出了新点子.

对额叶的需求做出反馈

一旦收到额叶的指令，便会针对需求整理符合条件的信息，并传回额叶。

24

怎样才能激发创造力?

解除束缚是关键

我们的脑在创造时处于一种"脱抑制"的状态。一般情况下,为了保持内部系统的平衡,脑会通过抑制各个神经回路的活动来限制自己,在这种状态下我们并不能百分百地发挥自己的潜力。

脱抑制状态一般随着药物或酒精等的作用产生,这时候脑对神经回路的抑制被解除,我们无法再控制自己的冲动和感情。因此脱抑制很容易被看作是一种负面状态,但实际上它是发挥创造力的关键。

我们无法强制自己的脑产生灵感,神经回路在某种意义上是不受意志控制、独立运作的,灵感浮现在我们的脑海中后,我们才能意识到它的存在。

灵感就是在脱抑制状态下产生的,换句话说,**解除自我抑制和束缚是创造的关键**。

我们要做的第一步就是积累成功的经验,这个经验指的是成功脱抑制的经验。脱抑制状态下,脑会积极地向外输出,想出一些优秀的点子。这样的成功经验积累得越多,日后再次进入脱抑制状态就越容易。

日本社会压抑气氛浓重,你需要学会察言观色,在意同辈压力。在这样的环境下如果不做出改变,那么基本就与脱抑制状态无缘了。所以,**我们平时要适当地放开自己,积极而直接地表达自己的想法和感情**,在我看来,有时候激动到"掀桌子"也是有好处的。

脱抑制是创造的关键

最近的研究表明，创造性天才脑内的认知过滤功能普遍较弱，表现出"认知脱抑制"的倾向。脑每天都会接收到大量的信息，通常情况下，无关信息会直接被过滤掉。那么，在认知脱抑制状态下，认知过滤功能减弱，我们岂不是很容易被大量的信息淹没而陷入混乱？事实却并非如此，我们进入认知脱抑制状态后，不仅不会混乱，反而能够从海量的信息中获取新灵感。脱抑制并不是天才独有的能力，我们普通人通过训练也可以获得。

脱抑制的秘诀

不要想太深

用"现在就开始！"激励自己，让想出新点子与写计划书变成一个自然而然的习惯。

不要太在乎他人的目光

不要被他人的意见和观点束缚，不要在意自己成为他人眼中的"怪人"，按照自己而不是他人的价值观行动。

坚定信念

紧张和不安会束缚大脑，不要总怀疑自己"到底能不能行"，坚信自己"一定能行"，如果失败了就尝试别的方法。

找到"再往上就不行了"这条线，并超越它，也可以进入脱抑制状态。

25

灵感出现的瞬间，脑内有什么变化？

额叶很惊讶，颞叶却很平静

灵感是一种无法预测的东西，在灵感浮现的那一瞬间，我们自己甚至也会感到惊讶。

但实际上，惊讶的只是自我的中枢——额叶而已。

颞叶是不会感到惊讶的，因为灵感的原材料是储存在它记忆档案中的信息，是它已经知道的事情。

同一个脑却有两种感受，这听起来可能有些不可思议。

我们很容易对一件意料之外的事生出强烈的感情。比如当我们收到"惊喜礼物"的时候，就会感受到强烈的喜悦。未确定的事情比确定的事情更容易引起我们的情感波动。

灵感的出现之所以会让我们感到兴奋，就是因为其中蕴含了非常大的不确定性。

自己脑中产生的灵感，却可以在闪现时让我们感到惊讶，这对我们来说也是人生中的一种奢侈享受吧。

产生灵感的那一瞬间，神经细胞会集体开始活动，它们的目的只有一个，那就是将灵感转化为清晰的记忆储存下来。为了不让灵感转瞬即逝，脑内的神经细胞会在灵感产生后的 0.1 秒内集体开始活动。

与神经细胞平时的活动情况相比，这很明显是个巨大的工程。由此看来，神经细胞确实在竭尽全力地捕捉灵感。

灵感产生时的大脑

根据一个美国学者的观点，在灵感产生之前，视觉区被暂时关闭，脑会暂停接收视觉信息，集中处理脑内已有的信息，等到灵感产生那一瞬间，神经细胞便集体开始活动。

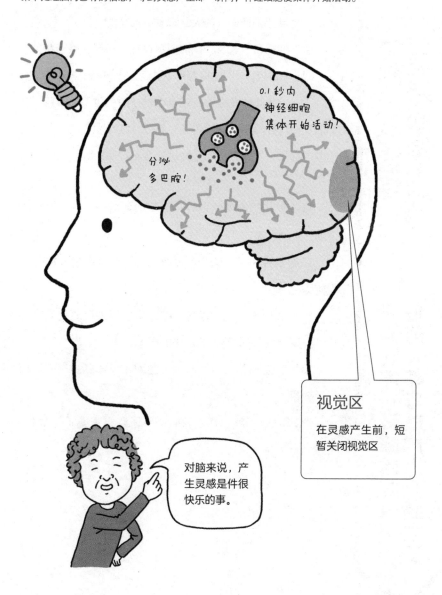

26

怎样才能锻炼"灵感回路"呢？

只要锻炼"灵感回路"，任何人都可以成为灵感之王。

有灵感、能够想出新点子是一种特殊的才能吗？其实并不是。

产生灵感是任何人的大脑都具备的功能。

由近期的研究来看，脑内似乎存在一条"灵感回路"。

我们脑内有一个连接颞叶联合区和额叶的神经细胞网络。通常，额叶会发出"我想要个这样的东西"的信息，这个信息经过神经细胞网络传达给颞叶，颞叶联合区会在记忆仓库中翻找，符合条件的记忆信息会被传回额叶，成为灵感的线索。

这个神经细胞网络中有一条类似通路的东西，就是所谓的"灵感回路"。

已有研究表明，这个"灵感回路"可以通过反复使用得到强化。

虽然我们无法控制灵感，但却可以通过反复使用来强化"灵感回路"，提高灵感产生的频率。

需要注意的是，为了产生灵感而刻意不断地思考反而有反效果。

就跟肌肉训练一样，锻炼灵感回路也需要适当放松，劳逸结合才是秘诀。

锻炼灵感回路

灵感并不是天才的专利，普通人也可以拥有。最开始不要追求大量灵感涌现，而是从积累小灵感做起，通过不断地积累强化灵感回路。

积累小灵感强化灵感回路！

POINT

总是带着疑问

不要觉着"就是它了""肯定就是这样"，而要经常问问自己"这是最完美的吗""还有哪些不足之处呢"，这些疑问都会成为灵感的原材料。

POINT

觉察灵感

若是好不容易有了灵感却没有及时捕捉并记录下来，灵感回路也会变弱。不论多么微小的灵感我们都要带着感激和愉悦的心情把它捕捉下来。这也是脱抑制状态的一种表现。

27

妨碍灵感产生的是什么？

是『我的脑子不好用』这样的想法

大家会有"我的脑子不好用，根本没什么灵感"这样的想法是有原因的。

其中一个原因就是学校教育的影响。应试教育体系喜欢用成绩去评价个人能力，这样的评判标准并不适用于灵感。成绩好的学生不一定是有创造力的学生。

若是因为考试成绩不好就觉得"自己比别人笨"，那是没法产生灵感的。因为**大脑无法在压抑状态下发挥潜力**。

"我比别人笨"这种想法会阻碍灵感的产生，我们要把自己从这种思维中解放出来，这对脑来说十分重要，是迈向灵感的第一步。

"灵感产生的过程非常艰难，需要付出很多努力才能成功"，这样的想法也会阻碍灵感产生。苦思冥想的过程确实非常痛苦，但想出来的那一瞬间无疑也是非常快乐的。

我们觉得快乐的时候，大脑边缘系统中的情感系统会很活跃，奖赏系统开始分泌神经递质多巴胺。近期的研究表明，奖赏系统在灵感产生的瞬间异常活跃。

可以说灵感是脑的"快乐源泉"。所以，若总是认为"灵感与我无关"的话，就相当于失去了一个让脑快乐的方式。

打倒"我就是不行"这个拦路虎的方法

所谓"约拿情结",就是指害怕变化、害怕充分发挥自己潜力的心理。"不管怎样我就是不行"这种话背后,隐藏着保持不变才会感到心安的心理,就让我们从消除"我不行"这个想法开始吧。

❶ 认真思考"我就是不行"这个想法的真实性

客观审视自己,思考一下自己是不是真的不行。想想自己成功的经历和得到过的夸奖,从自己比较擅长的方面开始建立自信。

❷ 降低梦想这个栏架的高度

认为自己不行的人通常都会将理想设定得过高,先降低一些期待,从自己可以实现的小目标开始。

❸ 从擅长或感兴趣的东西开始学习

深入研究自己擅长或者感兴趣的领域,通过创造自己的专业领域、增加知识储备建立自信。最终,你会为自己感到骄傲。

❹ 不被周围的人和环境影响

"反正我也不太行,我就听他的吧",停止这种让他人替自己下判断的行为。不要盲目被周边的氛围和别人的意见影响,学会自己下判断。

28

产生灵感的原动力是什么？

整理记忆的能力

我在前文中说过，创造不是从无到有（参照第50页）。灵感也是如此，没有负责记忆的颞叶做的前期准备，就没有灵感。

这里所说的准备就是"学习"。**若是颞叶没有储存足够的原材料，那么灵感便无法产生。**

可能很多人都认为，记忆、死记硬背与创造、灵感生发是两个相反的极端。实际上，若是没有通过学习建立起足够的记忆档案，灵感就无从产生。

比如有神童之称的莫扎特，从小就接受了音乐方面的精英教育，听过大量各种各样的音乐。他的颞叶中有着丰富的音乐记忆档案，所以才能创造出流传后世的乐章。

灵感和创造力诞生的机制与人记忆系统的神奇之处密切相关。灵感与创造力大概率是记忆活动的产物。

人的记忆并不是对所记之事的原样再现，而是经过脑整理编辑后的产物。这种整理记忆的能力就是灵感产生的原动力。

灵感让我们的人生更加丰富，为了拥有一个多彩的人生，就让我们从学习开始吧！通过学习不断积累的素材会成为我们灵感的来源。

丰富记忆档案的方法

"档案"就是保存记录的资料。脑内的记忆档案是灵感的原材料，所以我们要尽可能地丰富我们的记忆档案，不论是书本上的知识，还是我们的亲身体验，或者是对周边环境的观察，都可以成为我们记忆档案的一部分。

"亲身体验"和"对周边的观察"

亲身体验

书本上的知识很重要，不过亲身体验得到的信息往往会更多。除了与行为本身有关的知识之外，身体的感觉也是非常重要的信息。

对周边的观察

有创意的人都是善于观察周边环境的人。通过观察获得的大量信息，是创意的原材料。

29

有什么捕捉灵感的方法吗？

灵感捕捉有一定的机制

由于灵感的出现无法预测，为了不让灵感流失，脑中设有一个专门捕捉灵感的神经回路。

额叶上有一个区域叫前扣带回，对脑来说，前扣带回的作用类似于"警报中心"，检测到异常情况时，它会率先做出反应。

前扣带回做出反应后，警报信息会传递给"脑的指挥部"——外侧的前额叶。

外侧的前额叶主要负责给脑的相关部位传达"你要开始工作了，你可以休息了"这样的指令，调节脑内神经细胞的活动节奏。

当脑内有什么特别的事情发生时，前扣带回会率先发现，然后将信息传递给外侧的前额叶，外侧的前额叶会给脑内的相关部位传达指令——"停止其他活动，全力处理这个信息！"，对前扣带回传来的信息进行最合适的处理。

前扣带回和外侧的前额叶相互配合，让脑可以时刻监视着灵感的产生。打个比方来说，脑就像是在"无意识"这个大海里垂钓，等待着鱼的上钩。

鱼上钩之后，前扣带回会收到信息，接着外侧的前额叶会做出适当的处理，将灵感牢牢存储在我们的记忆中。

脑内捕捉灵感的系统

强烈的情感会令记忆更加深刻。虽说最终存储记忆的部位是颞叶，但在记忆存储的过程中，海马体发挥了重要的作用。脑内负责感情的结构是杏仁核，能够激活杏仁核的经历也可以激活海马体，海马体会将这份经历以记忆的形式定格在我们的脑海中。

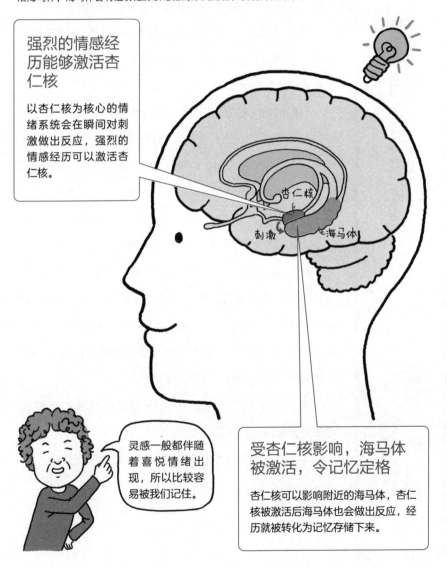

强烈的情感经历能够激活杏仁核

以杏仁核为核心的情绪系统会在瞬间对刺激做出反应，强烈的情感经历可以激活杏仁核。

杏仁核

刺激

海马体

灵感一般都伴随着喜悦情绪出现，所以比较容易被我们记住。

受杏仁核影响，海马体被激活，令记忆定格

杏仁核可以影响附近的海马体，杏仁核被激活后海马体也会做出反应，经历就被转化为记忆存储下来。

30

想让脑灵思如泉涌？

让『啊哈体验』成为一种习惯

某个大型玩具生产商会针对新员工开展一些有关创意的培训。大部分人在学生时代都没有认真思考过玩具设计这件事，所以一开始很多人一整天都想不出一个新点子。

然而，经过一段时间的训练之后，就有人可以提出三四十个创意了。当生产灵感成为脑的一种习惯之后，就会出现这样的变化。

我们的脑此时处于怎样的状态中呢？

提出新想法，然后否定，再重新探索其他方向，为了找到那个最合适的方案，脑持续高速运转。如此多次循环之后，脑就会找到那个令我们高呼"就是它了"的点子。

用脑科学的术语来说这就是"啊哈体验（aha experience）"。在突然理解了某件事情的时候，英语中会用到"aha"这个感叹词，"啊哈体验"即得名于此。

不断推翻重来的过程，就是不断认真思考的过程，在这个过程中，会有那么一个瞬间，脑突然变得清晰，有了一种"就是它"的感觉，这就是所谓的"啊哈体验"。灵感的产生就是一种典型的"啊哈体验"。

不断思考不解的问题，让脑一直处在活跃的状态中，是激发灵感的一条捷径。

从脑科学的角度来看，这是个非常有意思的课题。

持续地思考会让我们获得"啊哈体验"

"啊哈体验"是通过不断思考获得的。当我们开始想出一些小点子的时候，试着从不同的角度去丰富它吧。

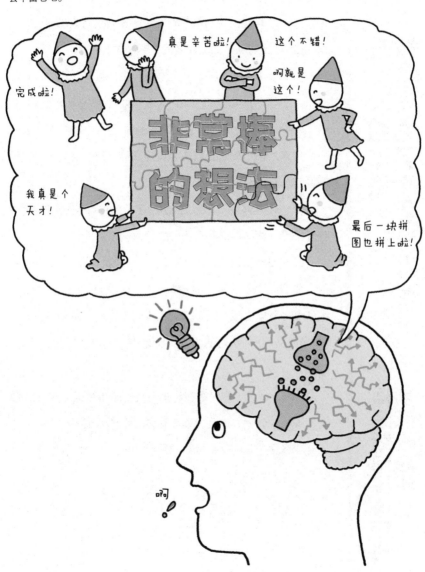

31

在『啊哈体验』时，脑中发生了什么变化呢？

神经细胞集体活动 多巴胺分泌

阿基米德在泡澡的时候看到了溢出来的水，从而发现了阿基米德定律；牛顿看到了从树上落下的苹果，发现了万有引力。我相信他们那个时候一定都会兴奋地高喊着"我明白啦"。这些都是比较知名的"啊哈体验"。

那么，在"啊哈体验"的时候，脑中发生了什么变化呢？

人脑平时的状态和"啊哈体验"时的状态有明显的不同。

"啊哈体验"时，大量的神经细胞会在0.1秒左右的时间内集体活动。同时，脑还会在合适的时间分泌奖赏系统的神经递质多巴胺。

在"啊哈体验"时，"我明白了"的这种感觉正是由于神经细胞的集体活动和多巴胺的分泌而产生的。

这也是所谓的灵感产生机制。

到目前为止，社会评价较高的人一般都是知识丰富的人或者办事能力强的人。不过，我们马上就要迎来一个新时代，届时，社会认可的人才将会是有"创造力"和"灵感"的人。

当然，创造力和灵感在每个时代都是不可或缺的。不过，进入现代社会后，创造力和灵感会变得更加重要，灵感丰富和有创造性的人将获得较高的社会评价。最近，我对这一点的感受也越来越强烈。

通过黑猩猩的行为理解"啊哈体验"

德国心理学家沃尔夫冈·柯勒曾经做过一个有趣的"啊哈体验"的实验。实验中，他将香蕉放到笼外，并观察围栏内黑猩猩的行为，发现了"啊哈体验"产生的过程。

"啊哈体验"的四步

❶ 准备期
想出许多错误的解决办法

笼外放了一根黑猩猩伸手拿不到的香蕉，笼内放了一根长木棍和一根短木棍。黑猩猩尝试了直接伸手拿、分别用短木棍和长木棍去拿，全部以失败告终。

❷ 孵化期
重新审视准备期尝试过的方法

黑猩猩在笼内不停走动，有时会将木棍拿在手里，还会观察四周，此时黑猩猩的大脑其实在高速运转，这个过程非常重要。

❸ 灵感期
开始有灵感

黑猩猩在灵感期试着双手拿起两根木棍观察，发现两根木棍可以互相插进去接在一起，这个时候就是"aha"时刻。

❹ 验证期
将灵感付诸实践

黑猩猩将两根木棍连在了一起，用加长的木棍拿到了香蕉。这就是"啊哈体验"的大致过程。黑猩猩也可以有"顿悟"时刻。

32

"啊哈体验"的捷径是什么？

"啊哈"图片与"啊哈"句子

我们没必要把"啊哈体验"想得过于困难，相信大家都有过这样的经历，一个想破脑袋也没有想明白的问题，在某个瞬间突然弄懂了，就有了"啊哈，原来是这样"的感觉，这其实就是一种"啊哈体验"。

我在前文中提到过，"啊哈体验"可以让脑更加活跃。所以说，像"啊哈，原来是这样"的经历越多越好。

我比较推荐的是多看一些"啊哈"图片和"啊哈"句子。

那么什么是"啊哈"图片呢？有一些画第一眼完全看不懂上面画的是什么，但要是盯着它看久了，就会有种豁然开朗的感觉。一旦从上面看出了些什么，那么后来不管怎么看就都是同一个结果。这就是"啊哈"图片（可以参照下一页的图片）。

那么什么又是"啊哈"句子呢？

请看下面这句话：

"要是布破了了的话，那么稻草堆就是最好的选择了。"

乍看似乎完全读不懂这句话到底在说什么，但若是找到了那个隐藏的关键词的话，就会有醍醐灌顶的感觉了。

这句话的关键词就是"降落伞"。

若是降落伞上的布破了的话，那么落地的时候能不能落到一个稻草堆上就是决定生死的关键了，这句话就是这个意思。

我们可以多看一些这样的图片和句子，就像玩游戏一样不停地感受"啊哈体验"，这样就能让脑养成灵光一现的习惯了。

看一些"啊哈"图片来感受"啊哈体验"

我们可以先试试看"啊哈"图片，第一眼可能看不出上面到底是什么，但通过不断变换角度，不断思考试错，在某个瞬间可能突然就看懂了。我准备了两个比较简单的"啊哈"图片给大家尝试一下。

有趣的是，一旦看出了图片上到底画的是什么，以后再怎么看结果就都是一样的了。

iStock.com/Meadowsun

答案在第70页

主观体验特性——草莓的
"红"与"看起来红"

虽然到现在为止我在这本书中还没有提到过主观体验特性（qualia），但是在讨论脑的意识的时候，这是一个绕不开的概念。

现代脑科学将人的经历中无法计量的部分称作"主观体验特性"。所谓主观体验特性，就是属于我们心理感觉的一种特质，是非常主观的感觉，也可以说是心灵的组成部分。

看起来是红色、感觉到水有些冷、说不清缘由的不安、若有若无的预感，我们心中充满了这种无法量化的、微妙但又确实存在的"主观体验特性"。

迄今为止，脑科学界都无法回答"意识是怎样从脑这种物质中产生的"这个问题，原因就在于"主观体验特性"没有办法作为一个客观的物质被描述出来。

不过，很多科学家都意识到了"主观体验特性"的存在。

英国科学家、DNA 双螺旋结构的发现者之一弗朗西斯·克里克，曾在他的著作中写道："读者对我的观点有各种各样的猜测，我若是一直不回应，可能会让人觉得我在刻意避开这个话题。关于'红色'和'看起来是红色'的问题，我从没发表过任何观点，若是非要我说的话，对这个问题我只能双手合十祈祷幸运之神的降临，除此之外别无他法。"从这段话，我们或许也可以看出一些端倪。

对"主观体验特性"的研究，才刚刚开始。

★ 第 69 页的答案：上为猎豹母子
下为四只小猫

第 **4** 章

AI 和脑的未来

在 AI 时代锻炼大脑的方法

33

AI取代人类的那一天会到来吗？

人类强化自己的优势，就可以和AI共存

近年来，AI成了热门话题，很多人都会担心有一天AI会完全取代人类。

将人的智慧提取出来移植到机器身上，然后让机器不断学习并在学习中不断进化，这项伟大的实验就是所谓的AI。可以说在这项实验中，AI成了人类为自己创造的一面镜子。

近些年，能够分析各种数据并找出最优解的AI被接二连三地创造出来。在象棋和围棋的领域，已经有AI可以达到击败职业选手的水平了。

相信在不远的将来，AI一定会在某些领域完全超越人类并代替人类。

然而，这个代替也不过是代替人类能力中有限的一部分而已。

比如，AI不可能拥有人格和个性这样的特质。这是因为没有一个固定的模型可以完美地表现人格。另外，AI也不可能拥有人类那样充沛饱满的感情。

我们在听音乐、观赏画作、阅读小说的过程中，可以产生各种各样的情绪。而现阶段的AI却无法对艺术做出任何反应。AI可能可以模仿达·芬奇作画，却没有感受能力去发出"画得真好"的感叹。

所以我认为若是人类可以强化独属于人类自己的优势，就可以和AI互补共存。

在不久的将来会被 AI 取代的职业

英国牛津大学研究 AI 的奥斯本副教授在 2014 年做了一个大胆的预测，他认为今后 10 ～ 20 年间，美国大约 47% 的劳动者会被自动化机器取代。下面就是奥斯本副教授认为最有可能被取代的职业，这里面的每个职业被 AI 取代的可能性都高达 90% 以上。

主要的"消失的职业"

- 银行柜员
- 运动裁判
- 房地产经纪人
- 餐厅的引导员
- 保险审查负责人
- 动物饲养员
- 电话接线员
- 工资/福利负责人
- 收银员
- 娱乐场引导员、票务员
- 赌场庄家
- 美甲师
- 调查信用卡申请者信用信息的工作人员
- 收款人（水费、电费等）
- 律师助理
- 酒店接待员
- 电话销售员
- 裁缝（手工缝制）
- 钟表修理工
- 税务申报书代理人
- 图书管理员助理
- 数据录入员
- 雕刻师
- 投诉的处理/调查负责人

- 会计、审计
- 检查、分类、采样、测定的作业员
- 放映师
- 照相机、摄影设备的修理工
- 金融机构的信用分析师
- 眼镜、隐形眼镜技术员
- 混合、喷洒杀虫剂的工人
- 假牙制作工人
- 测量技术人员、地图绘制员
- 景观设计/用地管理的作业员
- 工程机械的操作者
- 上门推销员、街头卖报员、摊贩
- 涂装工、贴壁纸的工人

让我们一起开发只有人类才能完成的创造性工作！

* 2013 年 9 月，牛津大学卡尔·弗瑞（Carl Benedikt Frey）和迈克尔·奥斯本（Michael A. Osborne）发表了研究报告《就业的未来》（The Future of Employment），分析了各项工作在未来能被人工智能取代的可能性。

34

电脑也可以有灵感吗？

~~~~~~~~~

电脑并不能产生灵感

美国电子技术研究者杰克·基尔比（1923—2005）是2000年的诺贝尔物理学奖得主。

1958年，杰克·基尔比提出了"集成电路"的概念，即在一个硅基板上制造一个由多种电子设备连接而成的电路，"集成电路"在实际制造和量产上取得了成功。

若是没有"集成电路"这个灵感的话，我们就用不上现在这样丰富多彩的电子设备，更别说互联网和 AI 了。**或许我们可以称之为人类历史上最伟大的灵感。**

现在，在杰克·基尔比的"集成电路"概念之上发展起来的电脑，能够按照既定程序快速解决问题，已经达到了人类望尘莫及的程度。

但是，现在的电脑还不能跳出既定程序的桎梏，做到自主思考、产生灵感。

到目前为止，日本的学校教育都将"能够快速解决已有标准答案的问题"作为学生最优先培养的能力。但是，现在电脑在这一点上已经达到人类望尘莫及的高度了。

这样的话，我们就很有必要发展**具有人类特质的能力了。**

产生灵感，就是只有人脑才拥有的能力。

AI 研究的历史

AI 绝对不是人类的敌人，若是没有 AI，我们现在就过不上如此便利的生活。接下来，就给大家简单说一下 AI 研究的历史。AI 的开发得益于科学家的努力和灵感，它们是人类发挥灵感的产物。

第一次 AI 潮

"人工智能"（AI）[1] 这个词第一次出现是在达特茅斯会议上。这个时代的 AI，主要的功能是破解游戏和迷宫，比如寻找通往迷宫出口的路径等。不过，这些 AI 只能在特定的框架之内活动，二十世纪七十年代 AI 研究进入了第一次"寒冬期"。

● 1950—1960
● 特征：探索和推理

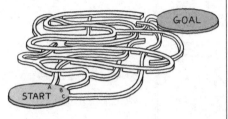

第二次 AI 潮

家庭电脑开始普及，那时曾基于专家系统构想设计 AI 程序，即将专家的知识灌输给 AI，AI 用人类专家的知识来解决问题。然而，怎样将知识转移给 AI 是个复杂的问题，1995 年左右 AI 研究再次陷入寒冬。

● 1980—1990
● 特征：知识表示

第三次 AI 潮

2000 年后"机器学习"和"深度学习"的概念火热，"机器学习"是指让 AI 自己从大数据中获取知识，"深度学习"是指让 AI 自己判断和学习样本数据的规律和特征。以"机器学习"和"深度学习"为基础，各种实用的系统接二连三地被创造出来。

● 2000年至今
● 特征：机器学习

第三次 AI 潮大事记	
1997 年	国际象棋 AI 战胜世界冠军
2006 年	深度学习的具体应用方式出现
2011 年	IBM 的"沃森"在智力问答节目中战胜人类
2012 年	AI 图像识别能力提高，可以从一些图片中识别出"猫"
2016 年	阿尔法围棋（AlphaGo）战胜围棋世界冠军

---

[1] 1956 年在美国汉诺斯小镇的达特茅斯学院中，几名科学家以"用机器来模仿人类学习能力"为主题，讨论了整整两个月，虽没有达成共识，但却创造出了"人工智能"这个词。——译者注

35

AI的智能与人类的智慧有什么不同？

直觉和灵感是人类智慧的核心

1997 年 IBM 开发的计算机程序"深蓝"击败了国际象棋世界冠军，"计算机的智能超越了人类"的消息令世界哗然，然而人工智能的专家们却异常冷静。

这是因为，"深蓝"的思考模式虽然看起来像人类，但却完全不同。

人类习惯于直觉先行，之后再加以理性思考，为直觉寻找逻辑上的依据。人类棋手最初的几手基本上都是凭直觉下的，在下过几回合之后，理性再为直觉做补充，根据先手规划后手，就这样在直觉和理性的共同指导下，人类棋手更有可能下出最优手。

"深蓝"一秒内就可以在自己的程序里计算亿万次，它会以大量的基础数据为支撑，在其中寻找最合理的落棋点。

想要制造出最接近人类智慧的"思考机器"，那么首先就要弄清楚隐藏在人类日常行为背后的脑活动的秘密。人类的日常交流，很少会像游戏那样遵循既定的规则，也没有正确的答案，其中充满了临时起意的想法。

在与他人交流时，我们必须根据对方的话随机应变，寻找合适的词语回应。而思考合适的词语这个过程，就有赖于脑的直觉系统的支持。

就是这样的思考，才让人类的智慧独一无二。

2016 年 AI 战胜了围棋世界冠军

2016 年 DeepMind 公司的 "AlphaGo" 战胜了数个围棋冠军，这个新闻令全世界的人都深切地感受到了 AI 技术的进步。在此之前，围棋一直被视为一种复杂而抽象的战略游戏，在这个领域，似乎人类是不可能被 AI 战胜的。AlphaGo 彻底推翻了这种认知，从此以后在围棋领域，人类可能再也追赶不上 AI 了。

更先进的围棋 AI 出现

2017 年 DeepMind 公司推出了 AlphaGo 的进化版 AlphaGo 0，在与 AlphaGo 的对战中，AlphaGo 0 以 100 : 0 的战绩完胜。

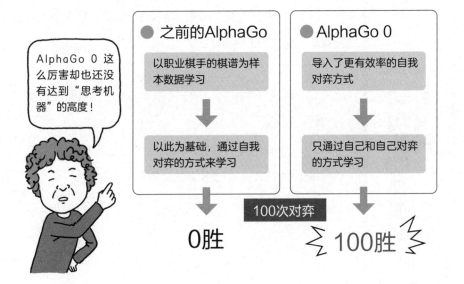

AlphaGo 0 这么厉害却也还没有达到"思考机器"的高度！

● 之前的AlphaGo

以职业棋手的棋谱为样本数据学习

↓

以此为基础，通过自我对弈的方式来学习

↓

0胜

● AlphaGo 0

导入了更有效率的自我对弈方式

↓

只通过自己和自己对弈的方式学习

↓

100胜

100次对弈

36

AI 的 IQ 比人类更高？

和 AI 比 IQ 是没有意义的

很多人都会有"我是不是没有 AI 聪明"的忧虑。可能对这些人来说，我下面要说的内容会超出他们的想象，到达技术奇点的 AI，IQ 可以达到 4000，这无疑是个惊人的数值。

天才爱因斯坦的 IQ 是 180，也就是说 AI 的 IQ 是爱因斯坦的 20 几倍，这是一个连爱因斯坦也望尘莫及的数字。

可能有些人看到这个数字，会担心"我们人类丧失了存在的意义"。

当然不会。

我们可以把一些需要计算和记忆的工作交给 AI，自己做一些只有人类才能胜任的工作。比如，那些需要"充沛的情感"的工作，AI 就无法胜任。

人类的脑可以分为理性（logic）和感性（emotion）两部分，相对于理性来说，感性的部分更加发达一些。

与 AI 相比，人类的逻辑思维较弱，但是只要我们依然拥有丰富而充沛的感情，在感性方面，我们就一如既往有着巨大的优势。

在感性的世界中，AI 永远也赶不上人类，这是独属于我们自己的舞台。

人类和 AI 的能力有着本质上的区别，只用 IQ 这个指标来做比较的话，是完全没有意义的。

人类和 AI 的能力有什么不同呢？

AI 正在快速发展，若是 AI 一直保持现在的速度发展的话，迟早有一天它会超越人类。然而，人类和 AI 的能力有着本质上的不同，我们可以以这个不同为出发点，思考一下人类更适合做什么工作。

人类和 AI 分工

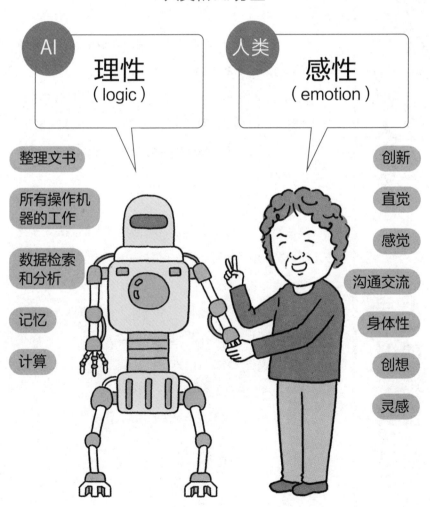

AI 理性（logic）
整理文书
所有操作机器的工作
数据检索和分析
记忆
计算

人类 感性（emotion）
创新
直觉
感觉
沟通交流
身体性
创想
灵感

37

是好事儿吗？

AI的发展对人类来说

多亏了AI，人类才可以过上『随意散漫』的生活

AI 会严格按照已经制定好的规则和评价标准去工作，这是 AI 的特点。

只要制定好规则和评价标准，AI 可以说是一种非常值得信赖的工具，我相信今后 AI 的能力也会有更进一步的发展。

因此我认为，人类可能会迎来一个再怎么"随意散漫""马马虎虎"都行的时代。

比如说，从前若是去一个陌生的地方，我们都是事先查好地图，到了之后也还是有些害怕和小心翼翼。但是现在，多亏了智能手机，到陌生的地方我们才不必如此紧张，只要手机在手我们就有安全感。

这就是"随意散漫的自由"吧。

即使出现了一些意外情况，AI 也会帮我们处理，于是在工作和学习中，我们就更敢于挑战和冒险了。

拿教育来说，过去学生要是离开了学校教育体系，就很难再重返校园学习。但是在 AI 时代，我们可以选择各种各样的学习方式，也会有更多的学习机会。

再比如说找工作，AI 可以将求职者和企业进行匹配，通过这种方式企业也更容易发掘优秀的人才。

这样看来，让赋予人类更多自由的 AI 发展也是一件好事呀。

赋予人类更多自由的 AI

AI 的发展让我们过上了更加轻松的生活。即使不看地图、没有行车时刻表，只要有智能手机我们便哪里都能去。AI 也可以帮我们打扫房间、开车等。没有了这些琐事的干扰，我们就可以将精力放在更重要的事情上了。

身边那些便捷的 AI

- Google和雅虎等搜索引擎
- 智能手机中装载的"换乘指南"，还有具有语音识别功能的Siri
- 吸尘器、空调、洗衣机、冰箱等家电
- 分析信用卡的使用状况，检测不正当使用
- 检测并发现一些人类医生难以诊断的疾病
- 护理机器人24小时的健康管理
- 从事农业生产的农业机器人

身边那些便捷的 AI

- 根据医疗记录和临床试验的电子数据，做出正确的诊断并制订最佳的治疗计划
- 配合医生手术的手术机器人
- 针对患者个人的病情和身体状况开发合适的药物
- 使大量的辩论意见书和判例数据电子化，以供律师参考
- 安装在街角和人行道上的传感器，代替警察监控治安

随着 AI 的发展，必然会有人产生一些类似"电脑拥有人类意识的时代会到来吗"这样的疑问。

关于这一点，我的回答是，目前 AI 还不具备人类式的意识和感情。

为了搞清楚这个问题，我们可以先来看看 AI 和人工生命的区别。

所谓人工生命，就是经由人手设计的生命。这个人工生命继续进化的话，就一定会有欲望。虽说是人工，但因为是"生命"，所以想留下后代，想活下去，这是所有生命最根本的欲望。

但是，人工生命的研究比 AI 的研究要落后得多。关于人工生命，人类现在连一个像样的细胞都没有创造出来。如此看来，人工大脑，可以说是纯粹的异想天开。

因此，我认为我们会迎来一个更加重视"生活"的时代，换句话说，在这个时代里，人类特有的想法和感情会变得更加重要。

比如说，AI 能当厨师，做出更好吃的食物。但是，AI 不可能吃了食物后充满感激地说："好吃！"

只有人类才会产生感激等情绪，这才是人类的存在价值。

这就是为什么我会认为 AI 的发展将给人类生活方式带来巨大的变化。

提升感性能力

AI 负责逻辑部分，人类负责感性部分，这就是未来人类和 AI 共存的方式。相反，如果不提升感性能力，就有可能被 AI 抢走工作。下面，我就来介绍三种可以让我们在 AI 时代生存下来的武器。

好恶判断

AI 只会根据正确答案去做决定，而无法根据好恶去选择。但人类却可以根据喜欢与否做出判断。所以说，这是个宝贵的技能，可以试着多去发现自己喜欢的东西，锻炼这种感觉。

个性

美是多种多样的，不存在量化的"美人的标准"。美是个性化的，只有人类才能理解这种个性，AI 永远不能。

五感

人工智能还无法超越人类的另一点是"五感"。这也是所谓的主观体验特性（参照第70页）。通过五感获得的质感是人类的武器。我们可以从现在开始磨炼自己的五感，这样以后就可以胜任需要五感的工作了。

这样吗？
我不是很明白。

真好吃！

39

AI 时代，人类的直觉变得更重要了？

这是一个需要野生直觉的时代

　　虽说"野生直觉"这个词听起来有些奇怪，但我认为在 AI 时代生存下来，**我们必须要有"野生直觉"**。

　　可能很多人都会疑惑："这样的直觉靠谱吗？"

　　据说全世界活跃在先进 IT 领域的人都像野生动物一样相信直觉。

　　丛林中的野生动物凭直觉判断"这种水果能吃吗"和"这是危险动物吗"，如果判断下得晚一些，可能马上就会面临死亡的威胁。

　　同样，随着人工智能的进一步发展，我们将会进入重要判断必须即时做出的时代，而且，判断速度也要越来越快。

　　那些有能力跟上这个速度的人会成为最后的赢家。

　　但这种能力并没有什么特别之处。相反，这是人脑最擅长的领域。

　　正如我之前提到的，"人类下判断只用 2 秒"（参照第18 页）。人脑可以通过直觉和灵感快速洞悉事物的本质。换句话说，人类的优势在于**无须像 AI 那样积累大量数据，就可以立即得出结论**。

　　那么，为了更好地发挥这种特性，人类要做的就是锻炼自己的直觉。

锻炼直觉的方法

随着人工智能的发展，未来所有事物发展的速度都会越来越快。那么做出判断和决定的速度就变得至关重要了。额叶负责直觉，颞叶负责提供判断所需的材料。强化额叶与颞叶上述功能以及两者之间的合作，就可以锻炼直觉。

❶ 积累经验和知识

记忆是直觉判断的材料和依据，因此尽可能多地积累原材料就变得非常重要，那么就从现在开始，努力积累经验和知识吧！

❷ 训练自己快速下决定的能力

下判断必须迅速，尝试每天快速做出决定。比如，可以试着玩玩围棋和象棋，这类游戏都会限制玩家的思考时间。

❸ 训练不要随波逐流

很多人都会习惯性跟从第一个提出意见的人，也就是我们常说的随大流。然而，要提高直觉，"批判性思维"是必不可少的，我们要学会用自己的头脑思考和判断。从现在开始，不要为了轻松就随大流了！

40

未来需要什么样的能力？

人类独有的『身体性』变得重要起来

我们已经进入了 AI 时代，从现在开始，我们需要的就是能够快速做出判断并采取行动的人才。换句话说，有着敏锐的直觉和感觉的人。

那么怎么才能提高直觉和感觉的能力呢？

这时候，锻炼脑科学中所讲的"身体性"变得至关重要。

所谓的"身体性"指的是两个方面：所有权意识，即认识到自己的身体属于自己；主体意识，即意识到自我动作的发出者是自己。

例如，英国精英教育中，就有通过体验足球和橄榄球来锻炼直觉和感觉的项目。这是因为在足球和橄榄球比赛中，选手必须在零点几秒的时间内做出判断。

同样，商界精英也深知**通过体育运动来锻炼直觉的重**要性。

身体性并不是只有在激烈的运动中才能得到锻炼。

在慢跑或散步时通过风来感受季节的变化，在最喜欢的气味中放松自己，仰望天空预测天气的变化，与人见面交谈，这些日常琐碎的事情都可以锻炼身体性。养成用自己的身体去感觉、去思考的习惯，而不是用知识与逻辑去做判断，这样我们的身体性就得到了锻炼。

AI 时代需要的能力

毫无疑问，未来人工智能将继续发展。所以，从现在开始我们就要做好准备，下面我就来介绍几个能够更好地在人工智能时代生存下来的方法。

好恶判断

做出决定和采取行动不是逻辑问题，而是身体性问题。身体性的提高对学习能力和智力的提升也有积极作用。跑步是提高身体性的好方法，养成跑步的习惯对提高我们的行动力也有好处。

不依赖于知识、文化、头衔或组织

美国处于人工智能研究的前沿，其培养人才的理念是强调真实能力。从现在开始，人工智能将负责逻辑和理性部分，因此，教育背景或头衔已经无关紧要，更重要的是在人类才能做到的领域的能力。

与很多人顺畅交流

人类最大的武器是交流能力，当今时代，SNS让我们能与世界各地的人互动。从现在开始，试着积极与人交往，提高自己的沟通技巧吧。

人类独有的"身体性"
到底是什么？

"身体性"的定义在哲学、宗教、心理学、认知科学、人工智能、脑科学等各个领域都有所不同。在本书中，我从脑科学的角度做了阐释。说得更通俗一点的话，在运动时，我们通过身体的各个部位感知外部世界、调整重心、调动肌肉活动。比如演奏弦乐器时，我们用指尖感受琴弦，用耳朵聆听声音。像这样用身体去感受事物就是所谓的"身体性"。

在进化的过程中，人类必须适应各种各样的环境，作为环境的一部分，我们用身体去感受、思考、进化。换句话说，没有身体，智力就不会诞生。

近年来，随着科技的发展，我们即刻就能联系到远在千里之外的人，足不出户便能获取来自世界各地的信息。然而，在生活变得更加方便的同时，我们也很少再用身体去感受世界，这会产生一些负面影响。

若是我们只根据网络上这种没有实感的信息来思考的话，大脑可能会失去平衡。在人工智能的时代，从亲身体验中获得信息，并将其输入到我们的大脑之中，对我们来说比以往任何时候都要重要。

第 **5** 章

脑的功能

让我们一起来看看脑的功能吧

41

脑是人类所有生命活动的指挥部

三大领域相互配合，各司其职

脑是人类所有生命活动的指挥部，它管理着全身的各个器官，控制着运动、语言和思想。

脑由三个主要部分组成：大脑、小脑和脑干，它们可以进一步分为更小的部分。

脑中最大的部分是大脑，约占全脑体积的 85%，小脑约占 10%。大脑的功能是控制精神和身体活动，如感觉、思想、情绪和记忆等。小脑则是运动学习的中枢，负责保持平衡和使运动顺利进行。

脑干由间脑、中脑、脑桥和延髓组成，是呼吸、睡眠、心率调节等无意识的生命活动的中枢。换句话说，它是维持生命必不可少的部分。

脑的每个部分都有自己的功能，它们互相协作，充当了生命活动指挥部的重要角色。

神经细胞连接着脑的各个部分。

我将在下一节更详细地介绍神经细胞。脑中有数百亿到 1000 亿甚至更多的神经细胞，它们像渔网一样连接起来，构建了一个巨大的网络（神经回路）。脑通过这个网络处理大量信息、构建记忆和进行思考。

正如我在第一章第一节中提到的，在神经细胞网络交换和处理信息的过程中，意识和情绪产生了。

脑（大脑、小脑、脑干）的构造

大脑 ● 神经细胞网络

与记忆、思考、感觉、运动、情绪等有关。

➡ 控制精神和身体活动的中枢

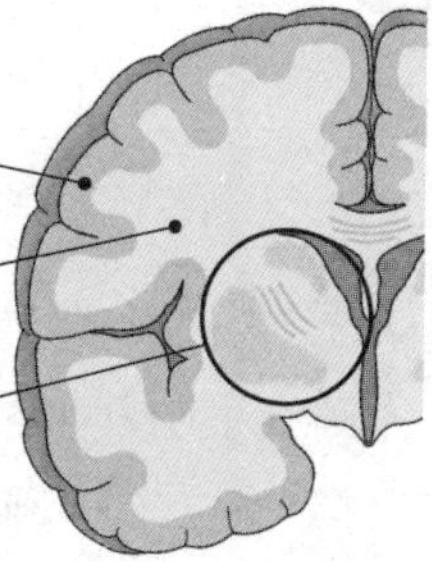

大脑皮质

髓质

基底神经节

约占全脑
体积的
85%

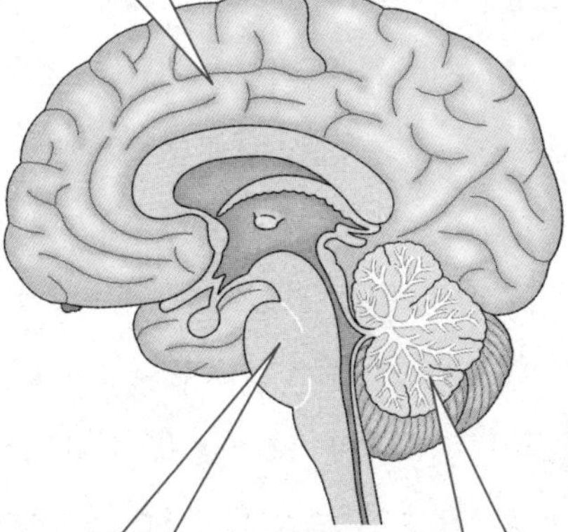

约占全脑
体积的
10%

脑干 ● 维持生命机能

负责调节呼吸、心率、体温、睡眠等

➡ 是维持无意识生命活动的中枢

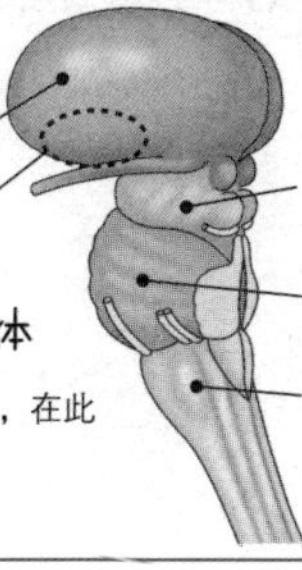

间脑

丘脑

下丘脑・垂体

（※ 在丘脑下方，在此
图中看不到）

中脑

脑桥

延髓

小脑 ● 负责调节运动

与平衡感、流畅运动和维持特定姿势相关

➡ 运动学习的中枢

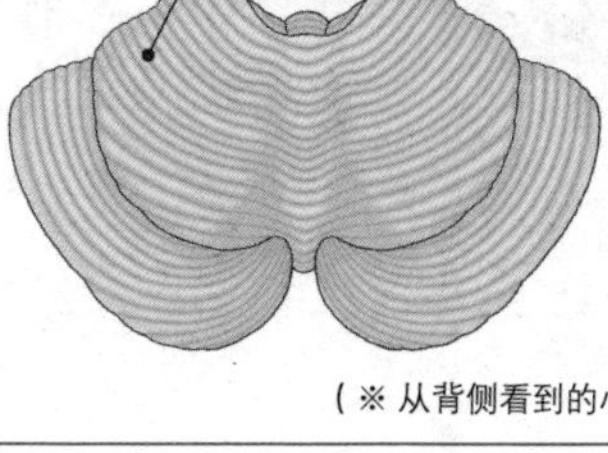

上面覆盖着小脑皮层，小
脑皮层上密布着神经细胞

（※ 从背侧看到的小脑）

42

回路 连接脑的网络——神经

复杂的脑功能 神经细胞支撑着

脑主要由两类细胞组成：神经细胞（neuron）和神经胶质细胞（neuroglial cell）。神经胶质细胞约占 90%，神经细胞约占 10%。

然而，只占 10% 的神经细胞支撑着大脑最重要的功能，比如信息处理和兴奋传递。

神经细胞错综复杂地连接在一起，在信息传递的过程中创建起一个巨大的网络，我们称之为神经回路。

当我们受到某种外部刺激，或者专注于思考时，负责信息处理和信息交换的便是脑中的神经回路。神经细胞上有许多突起，这些突起被称为树突，负责收集来自身体其他部位和其他神经细胞的信息。

信息通过一条长轴以电信号的形式传递到神经末梢。到达神经末梢的电信号被转化为化学信号（神经递质），继续传递给其他神经细胞和身体组织。然后，在接收刺激的神经细胞中，信息从化学信号转化为电信号，并继续在神经细胞中传播（见下页）。

神经胶质细胞一度被认为对神经细胞只有辅助作用，如空间支持和提供营养，但没有神经胶质细胞，大脑就不能正常工作。现阶段的研究表明，它可能深度参与了大脑的信息处理过程。

神经细胞传递信息的机制

神经细胞网络

无数神经细胞在神经末梢传递信息，其连接处被称为突触间隙。

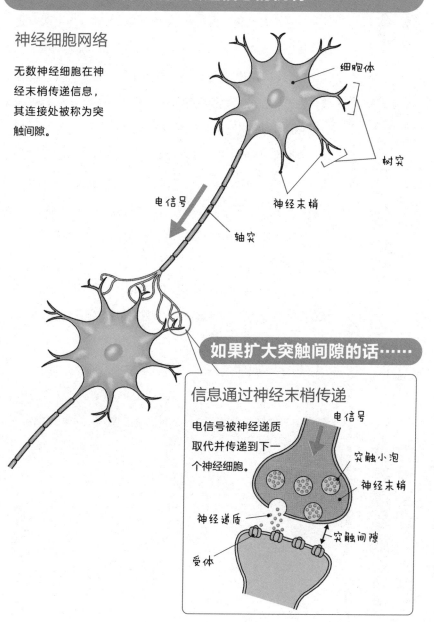

细胞体

树突

神经末梢

电信号

轴突

如果扩大突触间隙的话……

信息通过神经末梢传递

电信号被神经递质取代并传递到下一个神经细胞。

电信号

突触小泡

神经末梢

神经递质

受体

突触间隙

43

神经递质与身心状态有很大关系

神经递质的质量和数量决定心理状态

在交换信息时，神经细胞之间不会直接连接，两者之间有宽 20 ~ 30 纳米的小间隙，这个间隙称为突触间隙。

信息以电信号的形式通过神经细胞，并在神经末梢被转化为化学物质，释放到突触间隙中。神经细胞分为好多种，每一种神经细胞都会产生一种神经递质。

在负责接收信息的细胞顶端，长有几个受体，用来接收释放的神经递质。每个受体都有一个与之完美契合的神经递质。神经递质在与受体结合后再次被转化为电信号。

神经递质也被称为脑内荷尔蒙，它们的种类和数量决定了我们的心理状态。

脑的兴奋程度由神经递质控制以保持平衡，但由于巨大的压力等因素，神经递质会出现过量或不足等情况，可能会引发精神疾病。

因此，正如我在第一章第六节中提到的，有时花一些时间放空自己，让大脑进入 DMN 状态非常有必要。这样做，可以调节神经递质过剩或缺乏的状态，从而恢复心理健康。

神经递质的类型和功能

● 主要的神经递质

乙酰胆碱

使神经兴奋，与意识、智力、唤醒、睡眠等相关，主要分布在大脑皮质和基底神经节中。

多巴胺

唤醒大脑并激活心理活动。与快感和喜悦相关，在大脑的基底神经节中合成。

去甲肾上腺素

具有很强的唤醒力，与注意力和焦虑相关，由脑干合成。

血清素

抑制过度的大脑活动，由脑干合成。

γ-氨基丁酸（GABA）

有降低血压、安定精神的作用，主要分布在海马体、小脑、基底神经节等处。

β-内啡肽

具有类似吗啡的镇痛作用，被称为脑内麻药，分布在垂体等处。

催产素

与爱和信任相关，还可以促进母乳的分泌。由垂体分泌。

● 神经递质维持了脑内平衡

神经递质的平稳工作让精神稳定。

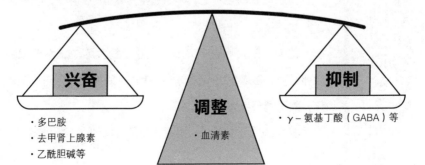

兴奋
· 多巴胺
· 去甲肾上腺素
· 乙酰胆碱等

调整
· 血清素

抑制
· γ-氨基丁酸（GABA）等

44

皮质是神经细胞的聚集地，也是功能中枢

大脑皮质的不同区域有不同的功能

大脑分为左右两个半球。**左半球称为左脑，右半球称为右脑**。左右脑的大小和形状几乎相同，但各部分的分布并不对称，功能上也存在差异（下一节详述）。顺便一提，由于左脑和右脑在功能上存在差异，所以有一种说法将人分为"左脑派"和"右脑派"，但这在脑科学上是说不通的。左右脑通过胼胝体连接起来，它由大约 2 亿个轴突组成。左右脑通过胼胝体交换信息、协同工作，所以宣称左右脑独立工作的说法是错误的。

左右脑各自被脑沟分成四部分。

大脑表面覆盖着一层组织，这个组织上聚集了约 3 毫米厚的神经细胞，是我们智力活动的中枢，这个区域叫大脑皮质。

额叶占据了大脑皮质的三分之一，是整个神经回路的指挥者，控制着思考和判断等高级智力活动。上一章提到的集中注意力的神经回路就是额叶激活的，灵感指令也是由额叶发出的。

控制皮肤的疼痛感与温度感的体感区在顶叶，听觉区在颞叶，视觉区在枕叶。

此外，在大脑的中央部分，分布着大脑边缘系统和基底神经节，边缘系统负责调节情绪，基底神经节则与小脑协作，共同调节身体运动。

各个部分分工不同、协同工作是大脑的一个重要特征。

大脑各部分的角色分工

运动区

控制各部位肌肉的运动，向脑干和脊髓的运动神经发送信号以指挥运动。

躯体感觉区

接收从皮肤、肌肉、关节等传递过来的感觉信息（触觉、痛觉、温度等），并进行识别和判断。

顶叶联合区

根据视觉和体感，判断身在何处，解析空间位置关系。

前额皮质

大脑的最高中枢，调节整个大脑的活动。与思考和创造密切相关，也被称为额叶联合区。

额叶

顶叶

听觉区

接收位于耳深处的耳蜗收集的声音或语言等听觉信息，并负责解析、判断和记忆。

枕叶

颞叶

颞叶联合区

整合从视觉和听觉皮质接收到的信息，识别颜色、形状和声音，还与记忆和语言理解有关。

感觉语言区

理解所听到的话语的意思，也称为韦尼克区，左脑的语言区通常比右脑宽。

视觉区

视觉信息（已经被视网膜转换成信号）最先到达的区域，负责接收视觉信息，并进行识别、判断和记忆。

※ 此外还有嗅觉区、味觉区、运动语言区等。

大脑皮质不同的区域有不同的分工！

45

左右脑的角色划分与平衡

语言区决定人的能力

左右脑在运动和感觉功能上没有差异，但在智力功能上存在差别。

一般来说，左脑负责语言、计算等逻辑功能，右脑负责空间识别、技术工作等直觉功能。

大多数人负责语言活动的语言区都分布在左脑。当然，有些人的右脑上也有一部分语言区，不过这样的人很少。

人的左右脑并不是均匀使用的，左右脑之间的平衡因人而异，这也可以用来解释为什么一个人既有擅长的事也有不擅长的事。

另外，人体有一种机制，即右脑控制身体的左半部分，左脑控制身体的右半部分，这是因为大脑通向身体其他部位的神经在延髓处左右交叉。

这种"交叉控制"对眼睛也适用，左脑负责处理右侧视野信息，右脑则负责处理左侧视野信息。

大多数惯用右手的人的语言区都分布在左脑，而左撇子的语言区左右脑都有。

大脑的这些特征或许可以解释为什么左撇子或双手灵巧的人中偶尔会出现创造性天才，例如达·芬奇就是左撇子。

一些职业运动员通过训练，双手都会变得比较灵巧，这可能与他们的大脑也有一些关系。

左右脑分工

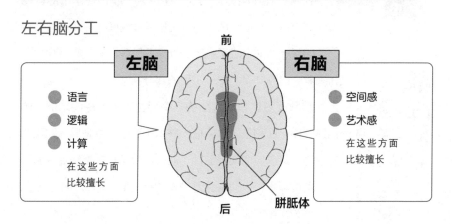

左脑

前

右脑

- 语言
- 逻辑
- 计算

在这些方面
比较擅长

- 空间感
- 艺术感

在这些方面
比较擅长

后

胼胝体

从大脑到全身的传输路径

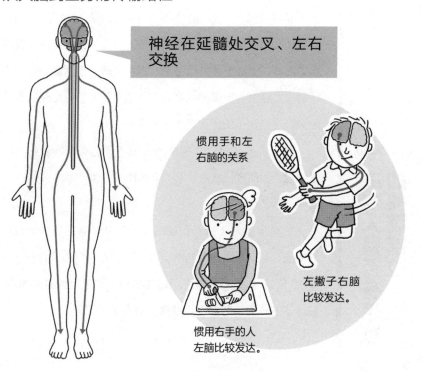

神经在延髓处交叉、左右
交换

惯用手和左
右脑的关系

左撇子右脑
比较发达。

惯用右手的人
左脑比较发达。

46

大脑的指挥部——前额皮质

决定人是否有思想的关键部位

控制运动功能的运动区、在谈话中起重要作用的运动性言语中枢（布罗卡区）与负责思考和判断这种高级智慧活动的前额叶共同组成了额叶，以现阶段我们对大脑活动的认知来看，前额叶是其中最重要的部分。

前额皮质具有从大脑的各个部位收集信息的功能，包括颞叶联合区和顶叶联合区，并基于这些信息开展认知和执行活动。这一功能使得前额皮质可以根据目标系统地规划行动、创造新事物。如果脑是身体的指挥部，那么前额皮质就可以称为大脑的指挥部。

让我们用一个具体例子来看看前额皮质是如何工作的。在下面所示例子中，一个人在开车时遇到红灯便停了下来，等看到交通灯变成绿色时继续行驶。可以看到，靠着**前额皮质的活动，大脑能够处理信息、做出判断、下达命令并执行行动**（实际上有更多的神经参与了这个过程，整体模式也更复杂，这里为了便于理解做了些简化）。

前额皮质还可以影响情绪和欲望，它可以向杏仁核发送信息，干预杏仁核对"开心/不开心"和"害怕/不害怕"这些情绪的判断。

前额皮质发送给杏仁核的信息，是对脑内各种信息进行研究、整合后做出的判断，因此我们也可以称这种信息为"理性信息"。我们人类之所以能做出一些不受情绪影响的、成人式的行为，前额皮质发挥了重要的作用。

大脑的指挥部——前额皮质

信号灯变绿
看见绿灯决定继续行驶

绿灯这个信息进入视觉皮质。在这里，绿灯信息被分解成颜色、形状、动作等小信息，并发送给脑的各个部位。脑的各个部位接收到信息后，各司其职开始活动，顶叶联合区判断现在所处的位置，颞叶联合区认识到交通灯已变为绿色，随后这些信息被送入前额皮质，因为前额皮质本身存储了"绿灯行"的常识，所以综合来看它决定继续行驶。

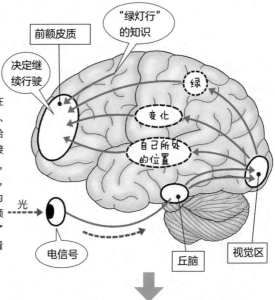

前额皮质
"绿灯行"的知识
决定继续行驶
绿
变化
自己所处的位置
光
电信号
丘脑
视觉区

启动车辆
发出并执行"踩油门"的命令

前额皮质向运动联合区发出"行驶"的命令，运动联合区将"行驶"编程为踩油门这个动作。基于此，运动联合区向身体发出指令，使肌肉运动踩下油门。在这个过程中，小脑也适时会纠正运动偏差，令动作更加准确。

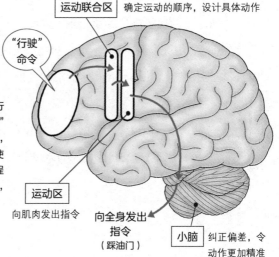

运动联合区 确定运动的顺序，设计具体动作
"行驶"命令
运动区
向肌肉发出指令
向全身发出指令（踩油门）
小脑 纠正偏差，令动作更加精准

绘图材料：富永裕久著 茂木健一郎主编《从眼睛开始的大脑科学》（PHP 研究所）

47

产生欲望和恐惧等原始思维的边缘系统

为生存而设计的『动物脑』

如前所述，大脑皮质控制着认知、思维、判断、语言等智能、高级的心理活动，而大脑皮质内侧的边缘系统则控制着原始的欲望和情绪，比如食欲、性欲、开心、害怕，等等。

在大脑中，负责智力的大脑皮质被称为新皮质，也被称为"人类独有的脑"，而原始的边缘系统则被称为原皮质或古皮质，也被称为"动物脑"。

边缘系统是在进化的原始阶段形成的大脑，是人类在进化过程中残留的爬行动物和古哺乳动物的大脑。边缘系统中的海马体是从爬行动物时代遗留下来的古皮质，杏仁核和伏隔核则是自古哺乳动物时代就存在的原皮质。

边缘系统围绕胼胝体分布，由扣带回、伏隔核、杏仁核、海马体等部位组成，各个部位的功能如下页所示。

这些部位控制的都是与动物生存必不可少的技能相关的功能。在动物实验中，没有杏仁核的猴子对它们的天敌蛇视若无睹，无动于衷，不会远远避开。

此外，海马体受损的人只有旧的记忆，而不会生成新记忆。

在边缘系统附近，有处理气味信息的嗅球，嗅球可以将气味信息传递到海马体和杏仁核，可以唤起记忆和情绪。

边缘系统位于新皮质内侧，环绕基底
神经节（见下一节）。

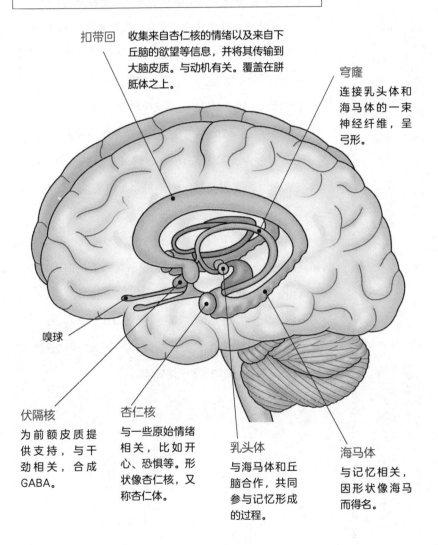

扣带回 收集来自杏仁核的情绪以及来自下
丘脑的欲望等信息，并将其传输到
大脑皮质。与动机有关。覆盖在胼
胝体之上。

穹窿
连接乳头体和
海马体的一束
神经纤维，呈
弓形。

嗅球

伏隔核
为前额皮质提
供支持，与干
劲相关，合成
GABA。

杏仁核
与一些原始情绪
相关，比如开
心、恐惧等。形
状像杏仁核，又
称杏仁体。

乳头体
与海马体和丘
脑合作，共同
参与记忆形成
的过程。

海马体
与记忆相关，
因形状像海马
而得名。

48

修复基底神经节损伤可以改善运动能力

隐藏在大脑深处的运动调节网络

基底神经节位于边缘系统内部，环绕着脑干顶部的丘脑。**基底神经节是信息传递神经核的集合，连接着大脑皮质和丘脑（将来自身体的感觉信息传递到大脑皮质）。**

基底神经节由纹状体（尾状核、壳核和苍白球）、底丘脑核、黑质等部分组成。纹状体接收并继续传递来自大脑皮质（额叶和顶叶）的电信号，苍白球将从纹状体接收到的信号传输到丘脑，随后丘脑将信号返回给大脑皮质。

这个神经回路与运动的开始、停止及学习相关。

当我们根据大脑皮质的指令做出正确的动作时，黑质会释放多巴胺作为奖励，这个机制可以令动作更加灵活熟练。

如果基底神经节受损，四肢可能会无法自由活动或无法保持静止。帕金森病就是一种由基底神经节损伤引起的疾病——由于多巴胺缺乏，发送到大脑皮质的信号减弱，导致身体无法活动。因此可以用多巴胺药物治疗帕金森病。

目前为止，我们还未了解基底神经节的全部功能，它可能还与记忆、认知功能和面部表情有关。

基底神经节的结构

基底神经节位于边缘系统内侧、小脑上方，环绕作为间脑一部分的丘脑。

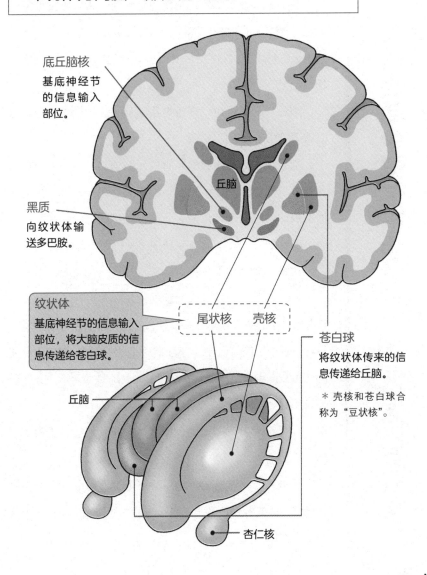

底丘脑核
基底神经节的信息输入部位。

黑质
向纹状体输送多巴胺。

丘脑

纹状体
基底神经节的信息输入部位，将大脑皮质的信息传递给苍白球。

尾状核　壳核

苍白球
将纹状体传来的信息传递给丘脑。

＊ 壳核和苍白球合称为"豆状核"。

丘脑

杏仁核

49

大脑活动令记忆产生

人带着回忆生活

根据持续时间的不同，可以将记忆分为短期记忆和长期记忆。

我们在订外卖时暂时记住的餐馆的电话号码就是短期记忆，这是一种在做某件事时才用到、短时间内存在的记忆。长期记忆可以分为两种，一种是陈述性记忆，另一种是非陈述性记忆。

陈述性记忆是可以很好地用语言表达的记忆，可分为情景记忆和语义记忆。

情景记忆是关于我们亲身经历的记忆，它是一种与感觉和情绪密切相关的长期记忆（3 岁以下的婴幼儿大脑发育尚不成熟，没有这种记忆）。语义记忆是反复背诵的记忆，也可以说是"知识"，必须要使用才能更好地记住。

边缘系统的海马体深度参与了记忆的形成过程。

通过视觉或听觉进入大脑的信息作为短期记忆被暂时储存在海马体中，然后就会被抹去。**海马体会整理这些短期记忆，挑选出应该记住的，消除不必记住的，并将应该记住的信息发送到大脑皮质。在那里，记忆将被固定下来并保存为长期记忆。**

如果把大脑比作电脑，那么海马体就是运行内存，大脑皮质就是硬盘。

另外，非陈述性记忆是运动型记忆，也可以称为程序性记忆。基底神经节和小脑在形成非陈述性记忆的过程中起着重要作用。

记忆的分类

记忆	短期记忆 做特定事情时的短暂记忆，也称为工作记忆，事情完成后便会忘记。		
	长期记忆 回忆、知识、获得的技能等长期存储在大脑中的记忆。大致分为陈述性记忆和非陈述性记忆。	陈述性记忆 可以用语言描述或用图片表现出来的记忆。	情景记忆 语义记忆
		非陈述性记忆 很难用语言描述或用图片表现出来的记忆。	程序性记忆

情景记忆

自己亲身经历的记忆，基本上可以概括为"何时、何地、做了什么"。不用耗费什么精力便可以轻松记住。

例 "我坐火车来的""我小时候被狗咬过""大家一起旅行"等。

语义记忆

一般指关于知识和常识的记忆，例如单词和数学公式的含义。通过学习获得，但是不用就会忘记。

例 单词和字母的含义、人和事件的名字，像"1+1 = 2"和"苹果是红色的"这样的知识。

是茂木健一郎先生！

程序性记忆

通过身体的反复练习获得的运动技能和认知技能。一旦记住便永远不会忘记。

例 演奏乐器、游泳、骑自行车，等等。

50

遗忘和想起的记忆机制

可以解释记忆为什么会一直存在

从海马体发送到大脑皮质的陈述性记忆信息会刺激神经细胞，于是许多神经细胞的突触互相结合，形成了一个神经回路，这个神经回路会被储存在大脑皮质中。提取记忆的时候，我们可以通过向神经回路发送电信号来唤醒它。不过，过于久远的记忆会被抹去。

有些人可能认为随着年龄的增长，他们会因为健忘而很快忘记过去的事情，但情况并非总是如此。

身体的老化会令电信号的能量减弱，可能尚未到达神经回路便消失了，于是记忆无法被唤醒。但这并不是记忆本身消失。

若是有不想遗忘的记忆，那么最好时常唤醒它。

最近的研究表明，不同类型的记忆在脑中存储的位置不同。情景记忆储存在额叶，语义记忆储存在颞叶，情绪记忆储存在杏仁核。

非陈述性记忆（程序性记忆）存储在小脑和基底神经节的纹状体中。

基底神经节负责令肌肉开始运动或停止运动，而小脑则负责对肌肉运动做一些细微的调整，使其更加顺畅。当一个人利用这个特性多次重复同一个运动时，纹状体和小脑中会生成一个神经细胞网络，于是正确的动作便作为一种肌肉记忆被大脑存储下来。

以这种方式创建的神经细胞网络不会消失，而是会无限期存在。

脑中与记忆存储相关的部位

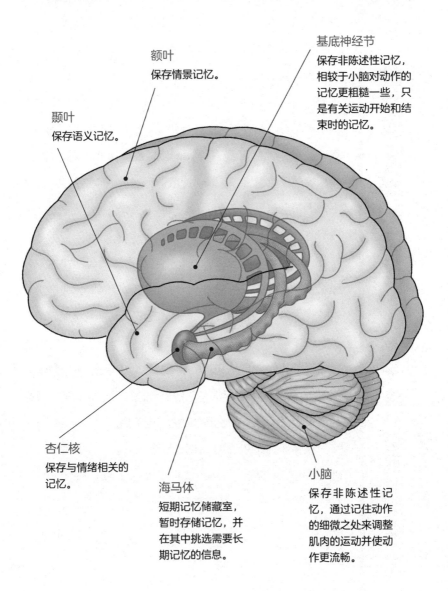

额叶
保存情景记忆。

颞叶
保存语义记忆。

基底神经节
保存非陈述性记忆，相较于小脑对动作的记忆更粗糙一些，只是有关运动开始和结束时的记忆。

杏仁核
保存与情绪相关的记忆。

海马体
短期记忆储藏室，暂时存储记忆，并在其中挑选需要长期记忆的信息。

小脑
保存非陈述性记忆，通过记住动作的细微之处来调整肌肉的运动并使动作更流畅。

51

睡眠是大脑的提神时间

大脑在睡眠时继续工作，只是模式与白天不同

大脑每天都在积极工作，精神活动和运动控制都要花费大量的精力。因此，它需要时间休息，也就是睡眠。

然而，睡眠并不是完全休息，脑的部分区域仍在继续工作，比如负责维持生命的脑干，只是方式与白天有所不同。

睡眠分为两种模式：快速眼动睡眠和非快速眼动睡眠。

快速眼动睡眠是一种浅睡眠，即身体在睡眠状态下，大脑仍然在活跃工作。非快速眼动睡眠是一种深睡眠，即睡眠时大脑活动几乎完全停止。顾名思义，快速眼动就是人在睡眠时，眼球在眼睑下方快速转动。

长时间的非快速眼动睡眠中间会出现短暂的快速眼动睡眠，每晚重复 4 ~ 5 次。非快速眼动睡眠的目的是让大脑得到休息，而快速眼动睡眠的目的是将人从非快速眼动睡眠状态引导到觉醒状态。

另外，一些研究还表明，睡眠时（尤其是快速眼动睡眠时），海马体等与记忆有关的部位都处于活跃状态，会整理白天的记忆，并将必要的记忆固定下来。

很多研究报告表明，大脑的这一活动与梦有关。一种理论认为，大脑会以梦的形式重现白天的经历和学习到的知识，并通过这种方式整理和筛选记忆。

在睡眠期间交替的快速眼动睡眠和非快速眼动睡眠

快速眼动睡眠

快速眼动睡眠是身体休息但大脑依然活跃的浅睡眠状态。离黎明越近，快速眼动睡眠期持续的时间就越长。每次需10～30分钟，每隔约90分钟发生一次。我们做梦的时候，眼球就在快速转动。

对脑的影响

整理、存储记忆

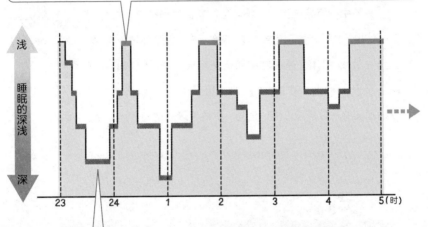

浅

睡眠的深浅

深

23　24　1　2　3　4　5(时)

非快速眼动睡眠

在非快速眼动睡眠期，虽然身体可能会来回翻滚，但大脑处于几乎停止活动的深度睡眠状态。这个深度的程度也有区别，越接近黎明，程度越浅，持续的时间也越短。大脑不活跃，所以我们不会做梦，眼球也不会运动。

对脑的影响

缓解大脑疲劳

111

大脑的基础小知识

对于大脑，你到底
知道多少呢？

小知识 **1**

所有的神经细胞连接起来可以绕地球25圈

大脑由神经细胞组成，神经细胞可以发出电信号并互相交换信息，数量从数百亿到千亿不等。神经细胞还被称为"神经元"，除细胞体外还由轴突和树突组成。如果将它们全部连接起来，可以达到100万千米，相当于绕地球25圈。神经细胞在突触处连接，传递信号，传输速度高达每秒120米。

小知识 **2**

脑的容量相当于一个1024TB的硬盘

如果脑是一台计算机，它的存储容量是多少？计算的方法有很多种，根据美国一家研究机构的数据，整个脑的存储容量约为1 PB（1024 TB）。这相当于可以存储2000万条四段式的文字字符，或者相当于可以存储时长为13.3年的高清视频数据。

脑是我们身上最重要的器官，但我们却并不了解它。因此，在这里我将介绍一些基本的脑知识，知道了这些你就可以和别人愉快地聊一些有关脑的话题啦。

小知识 **3**

脑是最大的耗氧器官

氧气通过血液在全身传播，但脑消耗得最多。举例来说，如果你吸入 100 份氧气，其中 20 份将被输送到脑。身体中器官的数量有很多，从占比来讲，脑的耗氧量是非常可观的，这也就意味着脑需要大量的新鲜氧气才能工作。

饭后昏昏欲睡就是因为大量的氧气被消耗在消化上，输送到脑的氧气有些不足。

小知识 **4**

脑比较重的人更聪明吗？

出生时，男性和女性的脑都重 370 ~ 400 克。成年后，男性的脑重 1350 ~ 1500 克，女性的脑重 1200 ~ 1250 克。脑的重量大约是我们体重的 2%。

总有人说聪明人的脑比较重，其实脑的重量跟聪明之间没有什么关系。20 世纪最伟大的天才爱因斯坦的脑，约重 1200 克。

小知识 **5**

男女的脑结构不同吗?

　　尽管都是人类,但男女的脑结构确实存在一些差异。不过这个差异并不是存在于整个大脑,只在连接左右脑的前连合与胼胝体,还有负责本能行为的下丘脑上有所体现。目前我们尚不清楚这些结构性差异会对人格造成怎样的影响。不过,整体来看男性空间意识强,女性语言能力强。

小知识 **6**

人分为左脑型和右脑型?

　　左右脑各自发挥着不同的作用,右脑主要控制感觉和直觉,左脑主要控制逻辑思维和语言。

　　因此,有人说右脑发达的人适合做创造性的工作,左脑发达的人适合做逻辑相关的事情,但大脑的工作并不是那么简单,这些都是流传较广的谣言。

大脑上的褶皱决定人是否聪明?

经常听到有人说聪明人的大脑褶皱更多，但其实这是没有科学根据的。

大脑中的褶皱又称作脑沟或者脑回。人脑的褶皱面积有1600～2000平方厘米，是头骨内部空间的三倍，据说是为了将大脑容纳在头骨内，大脑表面才产生了褶皱。

这种褶皱有一定的规律，不像皱巴巴的纸那样毫无规则。

小知识 8

脑通过摄取糖分工作

一般来说，葡萄糖是脑的营养物质，脑所需的能量占人类摄入总能量的四分之一，如此脑才能正常运转。换句话说，脑是一个"大胃王"。

我们通过食物摄取营养，因此，不科学的节食会对脑产生不良影响。

小知识 **9**

"鬼压床"和脑有关系!

"鬼压床"就是人在睡觉时突然无法支配身体。经常有人说这是一种恶灵附身的灵异现象,但实际上,这也和脑的活动有关。

在快速眼动睡眠时会产生一种现象叫作睡眠麻痹,这就是所谓的"鬼压床"。这时候的脑是清醒的,但身体还处在睡眠状态之中。等过一段时间,身体苏醒过来就可以移动了,所以不必害怕或惊慌。

小知识 **10**

为什么紧张的时候会说"大脑一片空白"?

大家总会在紧张的时候说自己"大脑一片空白",这时候脑中发生了什么呢?当我们紧张时,掌管记忆的海马体会收到"紧张"的信号,于是海马体就会提取出过去的失败经历,这种痛苦的记忆便会充斥大脑,让我们无法思考其他事情。

对容易紧张的人来说,可以提前想象自己站在人前该怎样表现,那么到真正上场的时候便可以告诉自己"和想象中的一样就可以了",这样紧张感会减轻。除此之外,深呼吸对缓解紧张也是很有效的。